RECUEIL

D'OPUSCULES

DE D. TUPPUTI.

RECUEIL

D'OPUSCULES

DE D. TUPPUTI (NAPOLITAIN),

PATRICIEN DE PLAISANCE, CHEF DE BATAILLON, ET
MEMBRE DE PLUSIEURS SOCIÉTÉS SAVANTES ET
LITTÉRAIRES;

CONTENANT:

Un Mémoire sur la manière dont on cultive le COTONNIER, dans le royaume de Naples, et les moyens de le naturaliser en France; Deux Lettres sur la dégénération des animaux, avec des portraits en taille douce du Jumart, et des Observations sur le Porc-épic.

Mihi intuenti sœpè persuasit rerum natura nihil incredibile existimare de eâ. Pline.

DE L'IMPRIMERIE DE H.-L. PERRONNEAU,

PARIS,

Au Grand Buffon, librairie de G. DUFRAY, rue Saint-Honoré, vis-à-vis celle du Coq, n°. 168.

M. DCCC. VII.

Puisque la variété est, dans un ouvrage, un motif d'intérêt, pourquoi
cette brochure n'en inspireroit-elle pas?
Elle renferme quatre mémoires, tous
importans pour le fond, s'ils ne le sont
pas toujours par la manière dont ils
sont traités.

Le premier et le dernier regardent la
dégénération des animaux ; le second
est relatif à la culture du Cotonnier, et
aux moyens de le naturaliser en France;
le troisième contient des observations
sur le Porc-épic.

Quel sujet est plus digne de l'attention
des naturalistes philosophes, que la dégénération des animaux ? Buffon l'a
traité avec beaucoup d'étendue; Spallanzani, Bonnet, Haller, s'en sont longtems occupés ; et cette partie de leurs
ouvrages n'est ni la moins curieuse ni
la moins intéressante. Que des savans,

renfermés dans le cercle de quelques idées acquises, dans les limites d'une pratique aveugle et sans théorie, le dédaignent, il n'y a pas là de quoi s'étonner : ils ne voient, dans la nature, que ce qui frappe journellement leurs sens ; jamais leur imagination ne leur fait rien entrevoir de possible au-delà de ce qui existe pour eux ; ils n'ont pas la force de s'élancer au-dessus de la sphère des connoissances vulgaires, ni de s'écarter un moment de la route battue. Nier les faits dont ils n'ont pas été témoins, tourner en ridicule des expériences qui n'ont pu leur réussir, voilà tout leur talent ; mais avec quel mépris leur orgueil n'est-il pas considéré par ces hommes qui, planant par delà les régions ordinaires, prévoient tout ce que la nature peut faire encore en considérant ce qu'elle a déja fait ?

Ils s'étonneront sans doute ces

hommes distingués, en voyant que, pour prouver la fécondité des mulets, l'existence des jumarts, le vomissement des moutons, la possibilité de l'accouplement de l'espèce du bufle avec celle du taureau, mes contradicteurs m'ont forcé d'écrire non - seulement l'article qui se trouve à la tête de ce recueil, mais encore celui qui le termine, et de faire graver la figure du jumart, dont la tête et le cou disséqués se voient encore à l'école d'Alfort, pour leur prouver que cet animal a existé. Puisqu'ils ne vouloient pas s'en rapporter au témoignage de Bourgelat, qu'ils regardent comme leur maître, j'aurois peut-être dû mépriser leurs dénégations; mais, comme en certains points elles attaquoient ma bonne foi, je n'ai pu me dispenser de répondre; d'ailleurs l'intérêt des sciences exigeoit que je rassemblasse toutes les preuves des faits que j'avois avancés, puisqu'ils sont aussi intéressans pour l'histoire naturelle que pour l'économie rurale. Ceux qui liront mes deux dissertations ne seront plus, je l'espère, tentés d'en douter ; et ils seront convaincus que la raison est de mon côté.

Sa M. I. et R. ayant manifesté la volonté d'introduire en France la culture du cotonnier, je me suis hâté de rassembler les notions que j'avois sur cette matière, et d'en composer le mémoire qui forme la seconde pièce de ce recueil. Je l'ai adressé à son excellence le Ministre de l'Intérieur, qui n'a pas dédaigné de me témoigner la satisfaction que sa lecture lui avoit causée. S'il peut favoriser la naturalisation d'une plante précieuse sur le sol de l'Empire français, je serai trop payé des soins qu'il m'a coûté, et du tems employé à des observations et à des expériences de plusieurs années sur la culture du cotonnier herbacé. Tous les faits qu'il contient sont exacts ; les règles que j'y donne sont entièrement fondées sur l'expérience. J'y parle des procédés que j'ai suivis dans le royaume de Naples, pour la culture de cette plante, et des succès qui en ont été la suite ; mais, comme une méthode heureuse sous un climat très-chaud et très-sec, pourroit ne pas l'être sous un climat plus humide et plus froid, je propose pour la France des principes modifiés d'après la nature de son sol et de son climat.

J'ose dire que cet ouvrage, sous le rapport des principes généraux, doit être suivi exactement par tous ceux qui voudront se livrer à la culture du cotonnier ; quant aux détails, c'est au cultivateur judicieux à les modifier selon la nature de son sol et de son terrain.

On peut écrire sur cette matière avec plus de profondeur, mais non avec plus d'exactitude que moi ; c'est, en agriculture, un mérite, dont on peut se vanter, puisqu'il est utile sans aucune espèce d'éclat, et qu'il exige plus d'attention que de génie.

Le troisième mémoire contient des Observations sur le Porc-épic. Ce singulier animal, apporté d'Afrique en Italie, dans le tems d'Agrippa, quoique fort intéressant pour les naturalistes, n'a point encore été bien observé. Voici ce que dit Buffon à ce sujet : « Il est singulier qu'en Italie, où cet « animal est commun, et où de tout « tems il y eut de bons physiciens « et d'excellens observateurs, il ne se « soit trouvé personne qui en ait écrit « l'histoire ! »

La réflexion de ce grand homme m'avoit engagé depuis longtems à étudier le Porc-épic, mais je n'osois publier mes observations, et je ne l'ai fait qu'après les avoir communiquées à plusieurs naturalistes distingués, qui les ont jugées assez intéressantes pour m'inviter à les rendre publiques.

Je ne me suis point attaché aux formes extérieures d'un animal dont il existe plusieurs descriptions; je n'ai parlé que de ses mœurs, de ses habitudes et de ses facultés.

On le verra d'abord dans l'état sauvage; on apprendra par quels moyens je m'en suis procuré plusieurs. On verra comment, sans qu'il pût se soustraire à ma puissance, j'ai su lui procurer une espèce de liberté, seul moyen de m'assurer de ses habitudes naturelles. Je l'ai observé pendant des nuits entières, seul tems où il soit possible de le bien étudier, puisqu'il reste enfermé dans son terrier durant tout le jour.

J'en ai tenu en état d'esclavage; je les ai examinés sous tous les rapports. Je ne cite que ce que j'ai vu et reconnu avec exactitude. J'espère que les naturalistes me sauront gré de mon zèle; je desire que mes observations puissent les satisfaire, contribuer aux progrès de la science, et plaire à ceux qui la cultivent comme objet d'agrément.

LETTRE

DE D. TUPPUTI,

A M. LE PRÉSIDENT

DE LA SOCIÉTÉ D'AGRICULTURE

DU DÉPARTEMENT DE LA SEINE.

MONSIEUR LE PRÉSIDENT,

LORSQUE mon ouvrage intitulé : *Réflexions succinctes sur l'état de l'agriculture et de quelques autres parties de l'administration dans le royaume de Naples*, a été présenté à la Société d'Agriculture, M. Huzard, de l'Institut national, et M. Desplas, de plusieurs sociétés savantes, se sont fortement élevés contre des faits contenus dans cet ouvrage, et ont déclaré que le succès de quelques expériences que j'y propose étant impossible , ce seroit en vain qu'on les tenteroit.

J'ai appris cela par une lettre d'un de mes amis , votre collègue , et par M. Desplas lui-même , qui n'a pas hésité de répéter , à la Société libre des Sciences, Lettres et Arts, ce que M. Huzard et lui avoient dit à la Société d'Agriculture.

Sans doute , je m'en rapporte fort aux lumières de ces Messieurs ; mais ils voudront bien me permettre de m'en fier à ce que j'ai vu, et de ne pas croire leur autorité plus imposante que celle des grands hommes qui leur ont ouvert la carrière des sciences.

J'ai dit,

1°. Que j'avois vu des mulets reproduire leur espèce ;

2°. Que je croyois qu'il avoit existé des *jumarts* ;

3°. Que j'avois fait vomir les moutons;

4°. Qu'il étoit possible d'accoupler les bufles mâles aux vaches , et les taureaux aux bufles femelles.

Ces deux vétérinaires recommandables ont soutenu que mes assertions étoient fausses; et, ce qui m'a paru bien étrange, c'est qu'après avoir déclaré faux ce que j'affirme avoir vu , ils ont encore déclaré impossible ce qu'ils n'ont pas tenté, ou ce qui n'a pu leur réussir. Ainsi, selon ces Messieurs, les mules n'ont jamais produit; il n'a jamais existé de jumarts : il est impossible de faire vomir les moutons, et l'on tenteroit en vain l'accouplement des bufles avec les vaches *et vice versâ*. Voyons qui d'eux ou de moi a raison.

J'espère que l'on ne me condamnera pas sans m'entendre ; la politesse ordinaire aux Français envers les étrangers, me fait même espérer que l'on m'entendra avec indulgence lorsque je m'exprime dans une langue qui ne m'est point familière.

J'ai vu les mulets reproduire leur espèce. Le nier, c'est me donner un démenti, c'est m'accuser de mauvaise foi, et je ne puis croire que les savans distingués, de qui je n'ai pas l'honneur d'être connu, aient eu cette intention. Je n'attribuerois leur dénégation qu'à l'étonnement qu'auroit pu leur causer ce fait (commun cependant et très-naturel), si des ouvrages publiés sous le nom de M. Huzard et sous celui de deux physiciens très-estimés, ne me prouvoient qu'ils en ont eu connoissance (1). Qu'a-t-il donc de si

____

(1) Instruction et Observations sur les maladies des animaux domestiques. Année 1792, pag. 289.

extraordinaire , ce fait ? Quand je n'en aurois pas été témoin plusieurs fois ; quand M. Huzard lui-même , l'un de mes adversaires , n'en auroit pas cité plusieurs exemples , n'est-il pas rapporté par les auteurs les plus respectables de l'antiquité et des tems modernes ? Je veux bien croire qu'il n'est jamais arrivé en France , quoique Buffon et l'auteur de la Philosophie de la nature aient assuré le contraire (1). Mais qui peut ignorer que l'influence du climat , *si puissante sur toute la nature* , pour me servir de l'expression de Buffon , agit avec bien plus de force encore sur les animaux domestiques ? Ainsi , de ce qu'on n'auroit jamais vu en France les mulets se reproduire , s'ensuivroit-il que cela ne fût jamais arrivé en Italie ?

Aristote assure qu'un mulet qui avoit sailli une cavale , engendra un mulet. Il dit avoir vu une mule pleine , mais dont le fruit ne parvint pas à toute sa perfection (2). Enfin il rap-

---

(1) « On sait que les mulets ont souvent produit dans « les pays chauds ; on en a même quelques exemples dans « nos climats tempérés. » Buffon, Dégénération des animaux , tom. VII , pag. 228 et 229 , édit. *in*-12.

(2) *Mulus equâ conjunctus mulum procreavit.... Mula quoque jam facta gravida est, sed non quoad perficeret atque ederet prolem.* Hist. anim., lib. VI, cap. 24.

porte, au VIe. livre de son Histoire des animaux (chap. 24 et 56), que dans la Syrie les
mulets s'accouplent et se reproduisent communément.

Selon Pline, il y avoit, en Italie, des exemples
assez fréquens de mules qui avoient mis bas (1).
A la vérité ce fait étoit regardé comme un prodige ou comme une marque de la colère des
Dieux, qu'il falloit appaiser par des sacrifices.
« Mais qu'est-ce qu'un prodige dans la nature,
« dit Buffon, si ce n'est un effet plus rare que
« les autres ? » Et il ajoute : « Le mulet peut
« donc engendrer, et la mule peut concevoir,
« porter et mettre bas dans certaines circons-
« tances (2). »

Varron, sur l'autorité de Magon, avance
« que les mules et les jumens mettent bas un
« an après avoir conçu, et que par conséquent,
« si l'on regarde comme un prodige en Italie
« une mule qui a mis bas, cela n'est pas plus
« extraordinaire, dans les autres pays, qu'il
« ne l'est que les hirondelles et les cigognes,
« qui font leurs petits en Italie, ne les fassent

---

(1) *Est in annalibus nostris Mulas peperisse sæpé.*
Hist. nat., lib. VIII, cap. 44.

(2) Dégénération des animaux, tom. VII, pag. 230,
édit. *in*-12.

« pas également sous tous les autres climats (1). »

Columelle lui-même affirme, d'après Magon, Dionysius et Varron, que la portée des mules passoit si peu pour prodigieuse en Afrique, que les habitans étoient faits à les voir mettre bas comme on pourroit l'être en Italie à voir pouliner les cavales (2).

Ici le témoignage de Magon est d'autant plus respectable, que cet auteur étoit d'Afrique, et qu'au rapport de Columelle, ses livres sur l'agriculture étoient tellement estimés, que le Sénat romain ordonna qu'ils fussent traduits en latin (3).

Buffon ne récuse point ces faits ; il en rapporte au contraire plusieurs autres à l'appui : tel est celui d'une mule qui avoit mis bas à Saint-Domingue le 14 mai 1769. Il dit même formellement qu'on lui a écrit d'Espagne et d'Italie que ces exemples y étoient communs (4).

Ce célèbre naturaliste propose des expériences, qu'il regrette ne pouvoir faire lui-même, pour découvrir dans quelles circonstances ces faits

---

(1) Liv. II, chap. 1er.

(2) Liv. VI, chap. 37.

(3) Liv. I, chap. 1er.

(4) Supplément à l'Histoire des quadrupèdes, tom. VIII, pag. 27. *Voyez* aussi pag. 25 et suivantes.

arrivent; et il se livre, en parlant de ces expériences, à toutes les conjectures que lui fournit
sa brillante imagination. Dans ce qu'il écrit sur
ce sujet, on trouve cette phrase remarquable :
« Tous les mulets, dit le préjugé, sont des
« animaux viciés qui ne peuvent produire. Au-
« cun animal, quoique provenant de deux
« espèces, n'est absolument infécond, disent
« l'expérience et la raison : tous, au contraire,
« peuvent produire; il n'y a de différence que
« du plus au moins (1). »

Si M. Huzard ne se rend point encore à tant
d'autorités, peut-être ne résistera-t-il pas à la
sienne, ou du moins à celle de plusieurs écrivains recommandables, dont les Mémoires se
trouvent dans un ouvrage publié sous son nom.

M. Moreau de Saint-Méry (2), dans un Mémoire sur les chevaux et les mulets dans les
colonies françaises, dit : « On a pensé long-
« tems que le mulet étoit condamné à la
« stérilité; cependant le contraire est établi par

----

(1) Supplément à l'Histoire des quadrupèdes, tom. VIII,
pag. 3o.

(2) Instruction et Observations sur les maladies des
animaux domestiques, publiées par MM. Flandrin, Cha-
bert et Huzard, tom. IV, seconde édit., année 1792,
pag. 289 et suiv.

« plusieurs preuves. Saint-Domingue offre trois
« exemples de mules fécondes : le premier
« est celui d'une mule qui mit bas , sous l'habi-
« tation de M. Nort , à la petite Anse , en 1769,
« un muleton qui mourut presqu'aussitôt. Ce
« fait fut constaté par un procès - verbal des
« officiers de la sénéchaussée du Cap français,
« qui se transportèrent exprès sur le lieu. Le
« deuxième est celui d'une mule qui mit bas ,
« le 24 octobre 1771 , sur l'habitation de M. Ver-
« ron , aux Terriers Rouges. La mule qu'elle
« fit a vécu jusqu'au 17 juin 1776. Le troi-
« sième est récent. Il y eut procès-verbal dressé
« chez M. Gouvion , habitant de la Grande-
« Rivière , le 30 mars 1788 , de la naissance
« d'un fœtus provenu d'une mule. J'ai vu le
« procès-verbal et le fœtus dans le cabinet de la
« Société royale des Sciences et Arts du Cap
« français , à laquelle ils ont été envoyés. »
Le même auteur ajoute : « Le tems de
« la chaleur est marqué chez les mulets comme
« dans tous les autres animaux , et leurs actes
« lascifs ne laissent aucun doute à cet égard;
« ils sont même très-difficiles à contenir alors ,
« et il est peu de haies qu'ils ne franchissent.
« Aussi les coupe-t-on dans nos colonies. »
Les éditeurs , dans une note , ajoutent qu'on
trouvera encore plusieurs exemples de ces faits

dans le Traité des haras, de Hartmann, publié par M. Huzard. Peut-on considérer comme extraordinaire un fait qui s'est répété trois fois pendant l'espace de dix-neuf ans dans un petit coin de l'Amérique ? Et qui peut douter que, si l'art de l'homme eût été employé à provoquer l'accouplement des mulets, il ne se fût répété beaucoup plus souvent et avec succès ? D'ailleurs, puisqu'il est constant que le mulet peut engendrer, et la mule concevoir, il y auroit aberration dans les lois ordinaires de la nature, si ces animaux ne pouvoient se perpétuer d'eux-mêmes. Aussi Aristote affirme-t-il qu'il existoit en Syrie une race de mulets féconds (1). Quant à moi, je pense que la mule produit plus souvent avec le mulet qu'avec le cheval ou l'ane ; car, s'il en étoit autrement, il y auroit contradiction entre ce cas particulier et l'ordre naturel des choses. La nature, même aidée par l'art, n'a point fait d'animaux inféconds, et les espèces bâtardes doivent avoir plus de penchant à s'accoupler, par conséquent plus de facilité à se reproduire ensemble qu'avec les espèces dont elles descendent. J'en suis d'autant

---

(1) *In terrâ Syriâ super Phenicem, mulæ et coeunt et pariunt.* Arist., Hist. anim., lib. VI, cap. 24.

plus persuadé , que , dans le royaume de Naples , lorsqu'on met les mules au vert , beaucoup de personnes sont dans l'habitude de donner un cheval étalon à une certaine quantité de mules pour les *rafraîchir* , suivant l'expression du vulgaire. Comme je n'ai vu aucun fruit des accouplemens qui ont lieu alors entre ces animaux , j'ai tout lieu de présumer qu'ils sont généralement inféconds : à moins qu'on ne veuille mettre sur le compte des travaux auxquels on livre les mules lorsqu'on les a retirées du vert , des avortemens auxquels des cultivateurs peu soigneux de leurs animaux ne font point d'attention.

J'ai donc tout lieu de croire que les mules que j'ai vues mettre bas , avoient été fécondées par leur propre mâle.

M. Lacépède , à qui l'on ne peut refuser des vues profondes en histoire naturelle , dit , en parlant du croisement des races : ». D'un côté « on peut voir , dans les tems très-anciens , tous « les animaux n'existant encore que dans quel-« ques espèces primitives , qui , par des moyens « analogues à ceux que l'art de l'homme peut « employer , ont produit , par la force de la « nature , des espèces secondaires , lesquelles « par elles-mêmes ou par leur union avec les « primitives , ont fait naître des espèces ter-

« tiaires. Chaque degré de cet accroissement
« successif offrant un plus grand nombre d'ob-
« jets que le degré précédent, les a montrés
« séparés les uns des autres par des caractères
« moins sensibles ; et c'est ainsi que les pro-
« duits animés de la création sont parvenus à
« cette multitude innombrable et à cette admi-
« rable variété qui étonnent et enchantent l'ob-
« servateur (1). »

En voilà assez pour prouver que, quand même
je n'en aurois pas été témoin, j'aurois pu croire
à la fécondité des mulets.

Voyons maintenant si j'ai pu dire qu'il avoit
existé des jumarts, quoique je n'en eusse jamais
vu. Dans le premier cas, je n'avois pas à craindre
de me tromper, puisque j'étois certain par le
témoignage de mes yeux. Dans le second, si je
suis tombé dans l'erreur, c'est avec des hommes
d'un mérite si éminent, qu'il est presqu'aussi
honorable de s'égarer avec eux, que de suivre
la vraie route avec d'autres.

Columelle est le premier qui ait parlé des
jumarts. Gesner le cite, et ajoute qu'il avoit
entendu dire qu'on trouvoit de ces espèces de
mulets auprès de Grenoble. Malgré ces deux

______

(1) Discours sur les effets de l'art de l'homme sur les
poissons, tom. V, pag. 108, édit. *in-12*.

autorités, Buffon s'est cru d'abord fondé à penser que cette espèce de mulets n'avoit jamais existé. Le mot *jumart* n'étoit alors, selon lui, qu'un mot chimérique qui ne pouvoit avoir aucun objet réel, « parce que, dit-il, les parties du cheval « et de la vache, du taureau et de la jument, « sont dans une telle disproportion, qu'il ne peut « exister aucun accouplement entre ces ani-« maux (1). » Mais il ne tarda pas à revenir de son opinion, puisque, dans ses supplémens à l'Histoire des animaux quadrupèdes, il doute de l'existence des jumarts, sans cependant vouloir la nier absolument (2). Buffon, qui nie d'abord, doute ensuite ; mais ce doute n'est-il pas une rétractation réelle de sa première opinion ? S'il ne dit pas, je me suis trompé, il en étoit d'autant plus convaincu, que, depuis sa Dissertation sur la dégénération des animaux, il avoit appris que, dans sa terre de Buffon, le meûnier possédoit un taureau et une jument que tous les habitans avoient vus s'accoupler avec plaisir. Ce fait l'avoit, comme il le dit lui-même, tiré de l'erreur sur l'extrême différence de l'orga-

----

(1) Discours sur la dégénération des animaux, tom. VII, pag. 245 et 246.

(2) Supplément à l'Histoire des quadrupèdes, tom. VIII. pag. 58.

nisation de ces animaux (1). A la vérité, ces accouplemens, souvent réitérés, furent toujours sans fruit ; mais cette raison n'étoit pas plus suffisante pour nier la possibilité de la procréation des jumarts que celle de la stérilité de quelques femmes ne le seroit pour annoncer l'extinction prochaine de l'espèce humaine. J'ose même croire que, dès que deux espèces peuvent s'unir, elles peuvent, à quelques circonstances

---

(1) Spallanzani, dans une lettre adressée au marquis Lucchesini, s'exprime à ce sujet de la manière suivante : « Entre tous les mulets, il n'y en a point peut-être de plus « propres à piquer la curiosité que les fameux *jumarts*. Vous « saurez qu'on en compte de trois espèces : les uns, à ce « qu'on dit, naissent d'un taureau et d'une jument, les « autres d'une âne et d'une vache ; les autres d'un taureau « et d'une ânesse. MM. Leger et Schaw admettent sans « hésiter l'existence de ces mulets ; mais M. de Buffon la « traite, dans son Histoire, comme étant imaginaire. « Cependant dans ses supplémens, sans la nier, il ne l'ad- « met pas entièrement ; mais le Pline français paroît s'être « trompé. M. Bourgelat, inspecteur - général des écoles « vétérinaires de France, écrit à M. Bonnet qu'il a possédé « plusieurs jumarts, et qu'il y en a eu un d'anatomisé sous « ses yeux à l'école vétérinaire de Lyon. Il communique, « dans la même lettre, les détails anatomiques. L'autorité « de cet homme célèbre mérite une entière foi. » Expériences sur la génération, tom. III, pag. 317. *Ibidem* pag. 219, traduction de J. Sénébier.

près , engendrer , et que cela doit arriver tôt ou tard. Ainsi Buffon , qui d'abord a nié , doute ensuite ; mais cette incertitude, que je regarde comme une preuve positive en faveur de mon opinion, ne seroit pas cependant suffisante pour m'engager à croire à l'existence des jumarts , si au témoignage de Columelle je ne pouvois en joindre plusieurs autres d'un grand poids , tels que ceux de Mérolle (1) , Schaw (2), Leger (3), et même celui des auteurs du nouveau Dictionnaire d'histoire naturelle , parmi lesquels on compte M. Huzard.

Au mot *jumart* , le rédacteur , après avoir exposé tous les motifs allégués par Buffon contre l'existence de ces mulets ; après avoir affirmé que , quelques soins qu'il se soit donnés , il n'en a jamais rencontré , même en Egypte où on les dit très-communs , ajoute : » Mais il faut « néanmoins convenir que les raisonnemens, « quelque concluans qu'ils paroissent , et les « faits qu'on allègue à leur appui, ne forment « que de fortes probabilités et des preuves néga- « tives , tandis que des hommes recommen- « dables , en attestant l'existence des jumarts ,

---

(1) Voyage au Congo en 1682.
(2) Voyage en Afrique, tom. Ier, pag. 308.
(3) Description des vallées du Piémont.

« présentent des preuves positives qui devroient
« prévaloir, si l'on étoit bien assuré qu'il n'y
« a pas eu de méprise dans les observations,
« et que l'on n'a pas regardé comme des jumarts
« quelques mulets provenant du cheval et de
« l'ânesse, ou peut-être des variétés dans le
« genre des bœufs. » Il suffit donc, pour prouver l'existence des jumarts, de démontrer que
les animaux auxquels on a donné ce nom,
n'étoient ni des mulets, ni des bardeaux, ni
des variétés individuelles dans le genre des
bœufs. Cela ne sera pas difficile, et j'invoquerai
le témoignage de deux hommes célèbres, Bonnet
et Bourgelat : Bonnet, un des plus grands physiciens qui aient paru, le premier qui ait véri-
tablement exploré la nature ; Bonnet, qui auroit
éclairé l'univers, si un sort funeste ne l'eût
trop tôt privé de la vue ; Bourgelat, le père
de la médecine vétérinaire ; Bourgelat, dont
le nom sera à jamais honoré et respecté dans
les écoles de cette science. Voici pourquoi
j'unis ici les noms de ces deux grands hommes,
qu'il n'a jamais été donné qu'à l'ignorance de
contredire toutes les fois qu'ils ont assuré posi-
tivement quelque fait.

Bonnet préparoit une nouvelle édition de ses
Considérations sur les corps organisés. Dans
la première, il avoit parlé des jumarts en homme

qui croyoit à leur existence ; cependant, comme il n'en étoit pas très-convaincu, il cherchoit de tous côtés, en observateur scrupuleux, des preuves à l'appui de son opinion, ou des raisons de la rejeter entièrement.

Dans ce tems, un journaliste (c'étoit, je crois, l'abbé Rozier) publia la Description anatomique d'une *jumart* que M. Bourgelat avoit fait disséquer sous ses yeux dans l'Ecole vétérinaire de Lyon. Bonnet la lut ; mais, n'osant se confier au rapport du journaliste, il prit le parti de s'adresser à Bourgelat lui-même, qui s'empressa de lui répondre et débuta en ces termes : « Je crois à l'existence d'un genre par- « ticulier de mulet appelé *jumart*, comme à « la mienne même. J'en ai eu plusieurs, dont « quelques-uns m'ont été envoyés du Haut- « Dauphiné par des élèves des écoles vétéri- « naires, et qui avoient pris naissance dans « des fermes cultivées par leurs pères (1). »

Quand Bourgelat n'auroit dit que ce peu de mots, il ne seroit pas permis de douter de l'existence des jumarts, à moins qu'on ne pensât que le célèbre auteur de l'Art vétérinaire et de l'Hippiatrique ne connoissoit pas l'espèce de

---

(1) Bonnet, Considérations sur les corps organisés, tom. III, pag. 433, édit. *in-4°*.

mulet qu'on nomme *bardeau*, ou qu'il sépa-
roit deux êtres de la même espèce. Mais, supposons un moment que Bourgelat ait été trompé
d'abord par quelques différences extérieures ,
ne seroit-il pas revenu de son erreur près
avoir fait disséquer une jumart dans l'école
de Lyon ? Ses recherches anatomiques ne firent
au contraire que confirmer son opinion. Voici
quelque chose de ce qu'il dit, au sujet de
cette jumart, dans sa première lettre à Bonnet (1) :

« Elle (la jumart) n'avoit ni le mugisse-
« ment du taureau, ni le hennissement du che-
« val, ni le braiment de l'âne ; mais elle faisoit
« entendre un cri grêle, aigu, qui tenoit de
« celui de la chèvre. »

« Elle étoit âgée de trente - sept ans, très-
« sobre, très-forte ; et on la vit souvent traîner
« seule, dans la ville de Lyon, des tombereaux
« chargés de fumier. »

« Elle avoit le mufle, la langue, la mâ-
« choire antérieure , la rate , de la même figure
« que le bœuf. »

« Le reste, excepté les barres , les dents et
« quelques autres parties de la mâchoire, étoit
« conformé comme chez la jument. »

---

(1) Bonnet , Considérations sur les corps organisés ,
tom. III, pag. 433 et suiv.

A ces traits, je le demande, qui pourroit reconnoître un mulet ou une variété de bœuf? Mais ceux qui ne seront pas encore convaincus n'auront qu'à lire la seconde lettre de Bourgelat à Bonnet, qui lui avoit fait quelques questions sur les formes extérieures de la *jumart*.

« Ses oreilles, répond Bourgelat, n'étoient
« ni plus longues ni plus épaisses que celles
« du cheval ; la position en étoit à-peu-près
« la même : elles avoient seulement un peu
« plus de largeur. Le dos, la queue, la croupe
« étoient conformés comme dans le taureau (1). »

Je le répète, sont-ce là les traits d'un *bardeau* ou de quelque variété de bœuf?

Si l'on doute encore, voici, j'espère, une preuve à laquelle on n'aura plus rien à objecter.

Bonnet avoit demandé à Bourgelat, s'il pouvoit naître un jumart de l'accouplement de l'âne et de la vache. Il lui répondit qu'il le croyoit, « parce qu'ayant placé un étalon na-
« varrin dans les hautes montagnes du Beau-
« jolais, cet étalon, plein d'ardeur, couvrit
« une vache dont il naquit une *jumart*, qui
« ne vécut que quatre mois, et qui avoit beau-

---

(2) *Idem ibidem*, pag. 546.

« coup plus de rapport avec le père qu'avec
« la mère. On remarquoit sur son front, à la
« place des cornes, deux proéminences, comme
« dans le veau naissant. C'est une vérité, dit
« notre savant académicien, que je fis recon-
« noître à deux personnes qui m'accompa-
« gnoient. » Bonnet, après avoir rapporté
cette lettre, ajoute : « On voit assez combien
« ce fait, si important et si bien constaté,
« s'accorde avec mes principes (1). »

J'invoquerai encore l'autorité de Spallanzani.
Ce grand philosophe, ce profond observateur,
auquel il étoit difficile d'en imposer, dit qu'entre
les quadrupèdes, les mulets provenant de l'âne
et de la jument, ou du cheval et de l'ânesse,
sont communs ; et que les dernières observations faites par un célèbre naturaliste français,
ne laissent aucun doute sur la naissance des
jumarts, quoique, ajoute-t-il, M. de Buffon
l'ait formellement niée (2).

Voilà donc trois modernes célèbres qui s'unissent
à Columelle pour attester l'existence des jumarts.

---

(1) Bonnet, Considérations sur les corps organisés
tom. III, pag. 547.

(2) Expériences sur la génération, tom. III, pag. 218
et 219 de la traduction de J. Sénébier.

Bonnet et Spallanzani étoient trop sages pour croire légèrement, et Bourgelat trop exercé pour confondre des êtres différens, ou séparer des êtres semblables. D'ailleurs, ce dernier n'affirme-t-il pas qu'il a été témoin de l'origine, de la naissance et de la mort d'un jumart engendré par un cheval et une vache, lequel a vécu quatre mois? Il a vu cet être; il a reconnu les proéminences qui se trouvoient à la place des cornes; il les a fait reconnoître aux personnes qui l'accompagnoient; il l'atteste, il le signe. S'il est un imposteur, je me glorifie de n'avoir pu le penser.

A tant d'autorités on ne peut opposer que celle de Buffon; mais Buffon nie, croit et doute tour à tour (1); Bourgelat expose des faits dont il a été témoin, et il ne s'est jamais départi de son opinion : auquel des deux devois-je avoir confiance? Etoit-ce à Buffon? Son sentiment, uniquement fondé sur des raisonnemens dont, comme il en convenoit lui-même, une partie a été détruite, peut-il prévaloir sur ceux de Bonnet et de Spallanzani, qui, s'ils ne sont pas des écrivains aussi éloquens, sont

____

(1) Supplément à l'Histoire des animaux quadrupèdes, tom. VIII, pag. 56 et suiv.

au moins des observateurs aussi profonds que lui ? Si on les regarde comme des visionnaires , je veux bien aussi passer pour tel.

C'est moins pour défendre mon opinion , donnée comme une simple conjecture qui pouvoit être abandonnée sans honte , que par respect pour ces savans , que j'ai recueilli tant de preuves de l'existence des jumarts.

Mais voici un fait que j'ai avancé , parce que j'en ai été témoin , non pas une fois , mais cent. On en nie la possibilité , parce qu'on ne l'a pas vu , et parce qu'on le croit contraire aux idées reçues. Ici la discussion me devient personnelle. Je devrois peut - être y mettre quelque chaleur ; néanmoins je me tiendrai dans les bornes de la modération , compagne fidelle de la vérité.

On assure que les animaux ruminans ne vomissent pas. J'ai affirmé que j'avois fait vomir les brebis , lorsqu'elles étoient attaquées d'une maladie occasionnée par une plante que les pâtres du royaume de Naples nomment *storta*. J'ai même dit que les vomitifs étoient les seuls remèdes efficaces contre cette maladie. Je le répète encore : toutes les fois que je les ai employés à tems , je n'ai pas perdu un mouton sur dix , et tous ceux que j'ai sauvés ne l'ont été qu'après avoir vomi la plante qu'ils avoient avalée.

Si j'avois avancé , en thèse générale , qu'il étoit facile de faire vomir les animaux ruminans , on auroit peut-être eu raison de s'élever contre moi , parce que j'aurois eu tort de tirer une telle conséquence de quelques expériences particulières ; mais j'avance un fait , et on le contredit par un principe général , comme s'il étoit des règles générales sans exceptions , ou comme si tous les secrets de la nature étoient dévoilés , ou enfin comme si de nouvelles observations ne venoient pas souvent contrarier les anciennes , et détruire des systêmes qu'on croyoit inébranlables !

On sait qu'en général il est impossible que les chevaux vomissent , à moins qu'il n'y ait *rupture dans l'estomac*. Bourgelat , dans ses recherches sur la cause de cette impossibilité , l'attribue à l'organisation mécanique de ce viscère et à celle d'autres parties de l'animal dont les fibres , se resserrant dans les contractions excitées par les émétiques , empêchent le retour des matières vers l'œsophage. On sait que les règles qui souffrent le moins d'exceptions sont celles de la mécanique ; cependant on a plusieurs exemples de chevaux et de mulets qui ont vomi naturellement. M. Dépousier , dans un mémoire sur l'épilepsie dans le cheval , après avoir décrit les symptômes progressifs de la maladie , s'ex-

prime en ces termes : « Le 20 , l'animal avoit
« la tête plus basse que de coutume. Je l'obser-
« vai pendant un espace de tems assez long ,
« et je remarquai qu'il faisoit des efforts comme
« pour vomir ; symptôme que j'ai toujours re-
« marqué dans les chevaux qui sont morts à
« la suite de la *rupture de l'estomac*. Il regar-
« doit souvent le côté gauche de la poitrine.
« Je lui vis rendre, après divers efforts, vingt-
« cinq décagrammes d'un fluide semblable au
« suc gastrique. Présumant un amas de vers
« dans l'estomac, je lui administrai le lendemain
« à jeun , trois décagrammes d'huile empy-
« reumatique ; je donnai une pareille dose de
« ce remède le 22 au matin...., et le cheval
« guérit (1). »

Desplas jeune , étant chez M. Lapole , vétérinaire au Cap , vit une mule qui rendoit le
boire et le manger par la bouche et les na-
seaux. Il y avoit déja deux jours qu'elle étoit
ainsi affectée. Elle ne se tourmentoit pas , elle
n'avoit même aucun symptôme maladif ;
seulement elle se couchoit plus souvent que de
coutume. *Quand elle vomissoit* , elle baissoit
la tête, allongeoit le cou , et quelquefois les

____

(1) *Voy*. Instruction et Observations sur les maladies des
animaux domestiques, année 1792, pag. 313.

extrémités antérieures. Les alimens qu'elle rejetoit étoient bien broyés, et paroissoient avoir subi une légère préparation dans l'estomac : elle les rendoit quelquefois aussitôt après les avoir pris ; quelquefois au bout de deux ou trois heures. Quelles sont , dit Desplas à ce sujet, les causes qui ont determiné ce vomissement, qui , comme on sait, est dans le cheval une espèce de phénomène toujours dû à quelque disposition maladive (1) ?

Voilà donc plusieurs cas où le cheval a vomi, quoique son estomac soit construit de manière que les contractions, qui dans d'autres animaux repoussent les alimens vers la bouche, s'opposent au contraire chez lui à leur retour : et l'on veut que ce vomissement soit impossible chez le mouton, dont l'organisation favorise au contraire le retour des alimens dans la bouche !

Bourgelat croit que les animaux ruminans ont la faculté de faire remonter non-seulement les alimens contenus dans le premier estomac, mais encore ceux qui sont descendus dans le second (2). Spallanzani a confirmé cette opinion

____

(1) *Idem* , année 1793 , pag. 296.
(2) Recherches sur le mécanisme de la rumination, tom. II, pag. 428, édition donnée par M. Huzard.

par les observations les plus exactes et les plus profondes (1). Mais puisque, selon Bourgelat lui-même, la rumination s'opère comme le vomissement, je demande pourquoi, en augmentant par un irritant la force de contraction des muscles de la panse, on ne pourroit pas y produire ce mouvement violent qui rejeteroit avec force des alimens déja naturellement entraînés vers la bouche? Si j'avois dit qu'il étoit possible de faire remonter la *storta* du troisième au quatrième estomac, j'aurois avancé un fait incompatible avec l'organisation physique de ces deux viscères ; mais je me suis expliqué clairement, en disant que dès le principe du mal les vomitifs sont un remède infaillible, parce que la plante est rejetée facilement du premier estomac, par les contractions qu'ils y opèrent, et par la cessation subite du mouvement peristaltique ; tandis que, deux ou trois heures après, les fibres de la panse étant altérées par les sucs corrosifs de la storta, les contractions sont alors trop foibles, et conséquemment sans effet.

On a savamment et profondément discuté la

----

(1) Expériences sur la digestion, tom. II, pag. 55o,

question de savoir si *la rumination est volontaire ou spontanée*. Daubanton s'est déclaré en faveur de la première opinion ; Bourgelat a soutenu la seconde. Les raisonnemens de celui-ci m'ont d'abord paru victorieux ; mais , quoique cette question soit étrangère à mon sujet , je ferai une réflexion toute simple , qui m'empêche de partager entièrement son opinion , et qui ne s'est présentée ni à lui ni à Daubanton.

De deux choses l'une : ou la rumination s'opère par des mouvemens réguliers et périodiques , ou elle s'opère par des mouvemens irréguliers. Dans le premier cas , elle peut être spontanée ; dans le deuxième elle seroit volontaire ; car on sait que la nature agit toujours régulièrement. Supposons-la donc régulière pour la croire spontanée ; alors il arrivera qu'un acte régulier et un acte irrégulier , un acte volontaire et un acte forcé seront combinés de manière à dépendre l'un de l'autre.

La mastication et la déglutition dépendent certainement de la volonté de l'animal. Or, je suppose qu'au moment où il fait descendre les alimens qu'il avoit dans la bouche , la contraction s'opère pour faire remonter de l'estomac ceux qui doivent être ruminés , il est certain que les matières remontantes se rencontreront avec celles qui descendent ; que le mouvement des unes s'opposera à celui des autres ; que , se poussant au passage , elles étoufferont l'animal ; et que certainement ni la rumination ni la déglutition ne pourront avoir lieu. Ce cas arriveroit souvent , si la volonté n'avoit pas assez d'influence sur l'acte de la rumination pour l'ordonner de manière que le mouvement péristaltique ne s'opérât pas en même tems que le mouvement anti-péristaltique. Il faut donc croire que , si cet acte est spontané , il est cependant des cas où il se trouve soumis à la volonté de l'animal , qui peut , à son gré , le suspendre , le retarder ou le provoquer. . . Mais, que cet acte soit spontané ou dépendant de la volonté , cela est étranger au fait du vomissement des moutons , et ni l'une ni l'autre de ces circonstances n'influe sur ce fait dont j'ai été témoin. Si les physiciens , au lieu de le nier , s'occupoient d'en chercher la cause, peut-être la trouveroient-ils plus facilement qu'on ne pense.

Nous avons vu des chevaux vomir : nous allons voir s'opérer dans l'homme des mouvemens bien plus contraires à ceux qui lui sont naturels.

On sait que, lorsque les propriétés vitales de notre conduit alimentaire ne sont point altérées , les alimens et en général toutes les matières contenues dans les intestins sont entraînées du haut en bas par le mouvement péristaltique ; mais dans le *cholera-morbus* , ces propriétés étant désordonnées , l'estomac étant vivement irrité , et sa sensibilité considérablement augmentée , non-seulement le mouvement naturel est suspendu , mais il s'en établit un contraire qu'on nomme le mouvement anti-péristaltique. Alors les matières contenues dans le canal intestinal , au lieu de prendre leurs cours vers le *rectum* , comme cela a lieu dans l'état naturel, remontent vers le pilore , qui ne peut plus se contracter pour s'opposer à leur retour, le traversent un seconde fois et sont rejetées par le vomissement. Ainsi les déjections qui devoient se faire par l'anus se font par la bouche. Les matières du canal intestinal sont également rejetées par le vomissement dans la hernie. On avance même que celles qui ont passé le *cæcum* retournent quelquefois vers le pilore , quoique la disposition mécanique des parties semble absolument s'opposer à ce retour.

Si un tel renversement de l'ordre naturel des choses arrive dans le cheval et dans l'homme, pourquoi ne pourroit-il pas arriver chez les animaux ruminans ? A supposer qu'il soit bien certain que les moutons , dans leur état naturel , ne puissent vomir , ou plutôt rejeter avec force les alimens qu'ils ont avalés (car la rumination a d'ailleurs tous les caractères du vomissement) ,

la storta , qui, dès qu'ils l'ont avalée , les empêche
de ruminer , ne peut-elle pas causer chez eux un
tel désordre , une telle irritation, que leur estomac
soit alors très-disposé à subir une violente contraction , et qu'il n'ait besoin pour cela que d'une
légère dose de vomitif ? Les caractères que j'ai
donnés de la maladie dont il s'agit ne sont-ils pas
des preuves manifestes de cet état de désordre et
d'irritation ?

Je ne suis pas le premier qui ait vu vomir les
moutons ; il est même étonnant que l'on trouve
ce fait extraordinaire. Le célèbre Spallanzani ,
faisant des expériences sur la digestion des animaux , voulut faire avaler de petits tubes remplis
d'alimens à de petits moutons. Il dit , à ce sujet ,
« Je commençai mes expériences sur les mou-
« tons , en répétant fidèlement celles de Réau-
« mur. Au lieu de mes petits tubes, j'en employai
« de plus grands ; ils étoient longs de huit lignes
« et larges de quatre ; mais je ne réussis point à
« les faire descendre d'abord dans l'estomac de
« ces petits animaux. Lorsque je les leur faisois
« avaler avec la main, en les poussant aussi bas
« que je le pouvois , ils étoient d'abord vomis , et
« j'ignorois le moyen que Réaumur avait employé.
« J'imaginai donc de mettre , dans la gorge de ces
« moutons , une canne percée, ou je faisois en-
« trer les tubes , que je poussois par le moyen

« d'un petit cylindre de bois plus avant dans
« l'œsophage ; alors ils ne pouvoient plus être
« vomis , et ils étoient forcés de descendre dans
« l'estomac , *malgré les efforts de l'estomac*
« *pour les rendre.* Je me servis utilement de ce
« moyen pour les bœufs et les chevaux (1) ».

On voit combien de précautions Spallanzani
fut obligé de prendre pour prévenir le vomissement qu'on croit impossible. Ce physicien étant
venu à bout , par le moyen de son cylindre de
bois , de faire pénétrer douze tubes jusque dans
le fond de l'estomac d'un mouton , voici ce qui
arriva. (Pour qu'on ne m'accuse point d'avoir
tronqué le texte , je le rapporterai tel qu'on le
lit tome 2 , page 551 , de la traduction que j'ai
citée.) « Je fis, dit donc Spallanzani, avaler ces
« six tubes à un mouton, avec six autres qui con-
« tenoient les mêmes herbes sans être mâchées ;
« afin de faire la comparaison. *Le mouton ren-*
« *dit trois de ces tubes par la bouche au bout*
« *de 14 heures ,* et cinq par l'anus au bout de
« trente-trois heures. Je le fis tuer à la fin du
« second jour. Entre les quatre derniers tubes
« restant il y en eut deux que je trouvai dans

____

(1) Expériences sur la digestion, tom. II, pag. 547 ,
§ 137, traduction de J. Sénébier.

« le quatrième estomac, et les deux autres
« étoient au bout du *duodenum*, la toile qui avoit
« enveloppé ces douze tubes était entière. *Ceux*
« *qui avoient été vomis par la bouche* se trou-
« vèrent plus ou mois froissés. » Voilà ce que
rapporte Spallanzani. S'il faut croire à ces faits,
on doit en conclure non-seulement que les
moutons vomissent quelquefois, mais qu'ils y
ont même autant de disposition que quelqu'animal à estomac membraneux que ce soit. Si on
refuse d'y croire, il ne faut plus croire à rien ; il
faut regarder les observateurs les plus profonds
comme des dupes de leurs propres expériences,
comme de misérables charlatans ; mais qu'on
me permette de répéter à ces hommes incré-
dules, un conseil bien sage que Spallanzani leur
adresse. « Quelques philosophes, dit-il, s'ima-
« ginent pouvoir nier en physique des faits rap-
« portés par des auteurs justement célèbres,
« seulement parce qu'ils ne peuvent parvenir à
« en être témoins ; mais ils ne réfléchissent pas
« qu'en bonne logique, mille faits négatifs ne
« pourroient détruire un fait positif. Il est trop
« aisé de négliger quelques-unes des conditions
« nécessaires pour l'exécution de l'expérience. »
Tel est probablement le cas de ces messieurs qui
soutiennent que les moutons ne vomissent pas,
parce qu'ils n'ont jamais pu les faire vomir,

ou ne l'ont jamais tenté. Pour moi, je l'ai fait avec l'intention de le faire; Spallanzani l'a fait sans le vouloir. Quand, d'après mon expérience, je rapporte un fait appuyé d'une autorité si respectable, je ne conçois pas pour quelle raison on le combat.

Au reste, si l'attestation de Spallanzani et la mienne ne suffisent pas pour convaincre ces messieurs, j'espère que les expériences publiques que je me propose de faire chez moi, ne leur laisseront plus aucun doute.

Ces messieurs raisonnent en tout de la même manière : ils n'ont pas vu vomir les moutons, donc les moutons ne vomissent pas. Ils n'ont jamais pensé qu'il fût possible de faire accoupler l'espèce du bufle à celle du taureau, ils n'ont jamais tenté cet accouplement; donc cet accouplement est impossible.

Pour moi, qu'un zèle ardent rend difficile à décourager, je pense, en faisant entrer en considération la chaleur du climat, qu'on viendroit facilement à bout d'unir ces deux espèces dans le royaume de Naples, quoiqu'on ne l'ait pas encore fait en France. « Si le taureau, dit Buffon, avoit à produire « avec quelqu'autre espèce que la sienne, ce « seroit avec le bufle, qui lui ressemble par

« la conformation et par la plupart de ses
« habitudes naturelles (1). »

Ces expressions ne sont pas suspectes de la
part de Buffon, naturellement incrédule sur l'accouplement de deux espèces différentes. Dès
qu'il s'est exprimé ainsi, il n'y a pas de doute
qu'il n'ait pensé qu'on tenteroit avec succès l'accouplement de ces deux espèces d'animaux. Si
le cheval et la vache ont produit, n'est-il pas
évident que des animaux dont la conformation
intérieure est absolument la même, et qui ne
diffèrent à l'extérieur que par des nuances si
légères qu'on pourroit les regarder comme des
variétés d'une même espèce, engendreront ensemble si on réussit à les faire accoupler.

Pour cela il faudroit faire à la race étrangère
les honneurs de l'hospitalité, c'est-à-dire la
placer sous le climat qui lui est le plus convenable. Originaire d'Afrique, elle ne doit être
que foiblement portée à l'amour sous le ciel de
l'Europe, et moins encore sous celui de la
France, que sous celui de Naples.

Si, dans la première de ces contrées, on
désespère d'obtenir le fruit de ces deux espèces,
et si l'on regarde comme inutile toute tentative

---

(1) Dégénération des animaux, tom. VII, pag. 246.

à cet égard , il ne faut pas pour cela désespérer de réussir dans la seconde. J'ai donc eu raison de proposer aux habitans du royaume de Naples , de faire à cet égard quelques tentatives , et quand bien même ils en auroient fait d'inutiles , ils devroient persévérer ; car , avec du tems , des soins et de la patience , on obtient tout ce qui est possible dans l'ordre de la nature. Mais je suis le seul qui ai fait des observations suivies , que les circonstances m'ont malheureusement forcé d'abandonner lorsqu'elles me promettoient les plus heureux succès.

J'ose croire que , si l'on montroit de la persévérance , on viendroit à bout , même en France, d'unir l'espèce du bufle à celle du taureau ; il ne faut pour cela que quelques circonstances favorables , un été chaud , une grande familiarité entre les individus qu'on doit accoupler , et l'exécution de ce que j'ai proposé dans mon ouvrage.

Il n'y a pas de doute que les mulets provenant de ces accouplemens ne puissent se perpétuer entre eux , puisque cela arrive aux mulets provenus des brebis et des chèvres , qui , selon Buffon , remontent directement et dès la première génération à l'espèce de la brebis (1).

____

(1) Dégénération des animaux , tom. VII , pag. 247 ,

Ici les circonstances sont absolument semblables : le bufle et le taureau sont des animaux
ruminans , ainsi que la brebis et la chèvre , et ,
comme je l'ai dit plus haut , ils paroissent être
des individus d'une même famille.

M. Lacépède , que j'ai déja eu occasion de
citer , dit , en parlant du croisement des races
des poissons : « En renouvelant les efforts ,
« non-seulement on obtiendra des mulets ; mais
« des mulets féconds , et qui transmettront leur
« qualité aux générations qui leur devront le
« jour. On aura des espèces métives , mais du-
« rables , distinctes et existant par elles-mêmes.
« On sait que la carpe produit facilement des
« métis avec les gibèles , ou avec d'autres cy-
« prins ; qu'on suive cette tradition (1). »

Ce que Buffon et d'autres physiciens avoient
plusieurs fois tenté en vain, le marquis de Spontin l'a obtenu au moyen de quelques précautions qui avoient été négligées jusqu'à lui. Il a
uni le chien à la louve, et en a eu des
petits , au nord de la France. Buffon raconte
lui-même ce fait avec toutes ses circonstan-

---

et Supplément à l'Histoire des animaux quadrupèdes ,
tom. VIII , pag. 4 et suiv.

(1) Effets de l'art de l'homme sur les poissons , tom. V
de l'Histoire des poissons , pag. 99.

ces (1), et il ajoute : « quoi qu'il en soit, on
« saura maintenant, graces aux soins de M. le
« marquis Spontin, et on tiendra désormais pour
« chose sûre, que le chien peut produire avec la
« louve, même dans notre climat. »

Ce fait étoit très-connu des anciens ; Aristote
en parle comme d'une chose certaine , et même
commune (2). On sait quelle antipathie existe
entre le chien et le loup , tandis que les bufles
et les vaches vivent ensemble en paix. Comment
pourroit-on mettre sur le compte de l'aversion
que ces deux derniers animaux ont l'un pour
l'autre , l'impossibilité d'un accouplement qui a
eu lieu entre deux espèces qui ne peuvent se
rencontrer sans se battre et se dévorer ?

Le nombre des accouplemens bisarres est très-
grand parmi les oiseaux. Ceux de l'Afrique ,
de l'Asie et de l'Amérique s'unissent à ceux de
l'Europe ; les mulets nés de ces accouplemens
se reproduisent. Ces faits sont si communs qu'on
ne s'en étonne plus. Pourquoi donc veut-on enlever aux bufles et aux taureaux la faculté d'en-

---

(1) Supplément à l'Histoire des animaux quadrupèdes,
tom. VIII, pag. 15 et suiv.

(2) *In cyrenensi agro lupi cum canibus coeunt et la-
conici canes ex vulpe et cane generantur.* Hist. anim. ,
lib. VIII, cap. 29.

gendrer ensemble ? Il ne faut, au contraire, cesser de faire des expériences à cet égard. Celles qui avoient annoncé l'impossibilité de se procurer certains mulets, ont réussi quand elles ont été l'effet du hasard, mais plus souvent encore celui de l'art.

Buffon, qui a presque toujours été malheureux dans ses tentatives à cet égard, a vu des physiciens plus patiens que lui, obtenir des accouplemens qu'il avoit annoncés comme impossibles. Que l'on ne désespère donc pas d'accoupler l'espèce du taureau à celle du bufle : que l'on emploie, dans le royaume de Naples, où ces animaux vivent ensemble librement et pacifiquement, une partie des moyens que j'ai proposés, je suis convaincu que l'on y réussira. Le climat de cette partie de l'Italie est très-favorable à ces sortes d'expériences. Columelle a vu à Rome, des femelles d'éléphant mettre bas (1) : ce qui n'est jamais arrivé dans aucune autre contrée de l'Europe.

Au reste, avant de démentir ceux qui rapportent des faits nouveaux, on devroit commencer par s'assurer de leur véracité ; au lieu d'attaquer ceux qui proposent des expériences utiles, et qui n'ont pour but que le progrès des

______

(1) Lib. III. cap. VIII.

connoissances, on devroit les applaudir et les encourager. Mais l'amour-propre est le foible des grands hommes : on niera toujours ce qu'on n'a pas eu le bonheur de découvrir le premier ; on verra toujours les physiciens les plus estimables récuser des témoins désintéressés, toutes les fois qu'il s'agira du succès d'une expérience qu'ils auront tentée infructueusement.

Cependant, si l'amour-propre est excusable dans certains cas, il ne l'est guère dans celui-ci, puisqu'il entrave les progrès des sciences naturelles, si utiles à l'espèce humaine.

Telles sont les réponses que j'ai cru devoir faire aux objections de mes adversaires. Je ne les aurois point écrites, si l'on n'avoit attaqué que mes talens ; mais on a suspecté ma bonne foi, et l'honneur me commandoit de me défendre.

J'ai l'honneur d'être, avec la plus parfaite considération,

Monsieur le Président,

Votre très-humble et très-obéissant serviteur

D. TUPPUTI.

Paris, ce 27 novembre 1806.

MÉMOIRE

SUR

LA CULTURE DU COTONNIÈR,

ADRESSÉ A SON EXCELLENCE

MGR. DE CHAMPAGNY,

MINISTRE DE L'INTÉRIEUR.

MONSEIGNEUR,

TANDIS que les armées françaises, sous la conduite d'un héros invincible, effacent la gloire des peuples anciens et modernes vous voulez que l'industrie et les richesses de la Grande-Nation égalent sa puissance militaire.

4

Votre Excellence regarde à juste titre l'agriculture comme la base fondamentale de la prospérité publique. C'est dans ces vues qu'elle veut étendre le domaine de cet art, et l'enrichir d'une nouvelle plante. C'est un don précieux duquel il résulte toujours des jouissances et des ressources nouvelles ; mais la naturalisation du cotonnier sur-tout fera époque dans les annales de l'agriculture française, et son auteur sera révéré comme un des bienfaiteurs de la nation.

Le coton est un objet de commerce important pour tous les peuples ; mais il doit être, en France, une source inépuisable de richesses. Nulle part les machines propres à le préparer, l'art d'en composer des tissus précieux, n'ont été portés à un plus haut point de perfection. Ainsi, dès que les Français trouveront chez eux les matières premières de leurs manufactures, toutes les nations de l'Europe deviendront tributaires de leur industrie ; et ils verront naître, par les soins de V. Exc., une nouvelle branche de commerce dont il est impossible de calculer les produits.

Vous ne vous êtes pas contenté d'engager MM. les préfets à établir dans les départemens dont l'administration leur est confiée, la culture de ce précieux végétal ; vous avez encore voulu que les lumières des plus habiles agriculteurs éclairassent ceux qui voudront s'occuper de cette culture, et vous avez chargé M. Tessier de rédiger un Mémoire sur ce sujet important.

Je l'ai lu ce Mémoire, qui se trouve consigné dans le 5e. cahier (mai 1807) des Annales de l'Agriculture française, rédigées par l'auteur même ; j'y ai trouvé cette précision, cette clarté, cette justesse qui distinguent son auteur. Les idées qu'il contient sont profondes, mais trop générales ; il n'y a point assez de ces détails, minutieux à la vérité, mais importans, puisqu'ils constituent pour ainsi dire l'art de l'agriculture. J'ose donc écrire sur ce sujet, après M. Tessier. Sans doute je lui suis fort inférieur en connoissances théoriques ; je me serois donc bien gardé d'entrer dans la carrière que V. Exc. l'a chargé de parcourir, si je n'avois, sur la culture du cotonnier, des notions particulières qui peuvent être utiles.

Je possède dans le royaume de Naples des domaines où chaque année je fais semer environ cent arpens en cotonniers ; ce qui m'a donné lieu de me livrer à des expériences qui m'ont procuré des lumières nouvelles sur la culture de cette plante.

Exilé de mon pays par Ferdinand IV, à cause de mon attachement aux Français, j'ai trouvé chez eux, et sous un gouvernement juste et éclairé , un asile sûr et agréable ; et c'est pour m'acquitter en partie de la reconnoissance que je leur dois à tous égards, que je publie ces observations, dont je desire que V. Exc. puisse tirer quelque parti pour ses vues relatives à la prospérité de l'agriculture.

Dans les états de Naples , on ne cultive en pleine terre que le cotonnier herbacé (1), dont on connoît deux variétés. Le duvet de l'une est blanc , celui de l'autre est chamois ; le premier est supérieur en qualité au second. D'ailleurs , comme la plante qui le produit est la moins sensible au froid , on la cultive beaucoup plus généralement que l'autre. Au reste, elles demandent toutes deux les mêmes soins.

Le cotonnier prospère , dans le royaume de Naples , partout où la nature et l'exposition du terrain lui conviennent. Il s'élève communément à la hauteur de quinze à dix-huit pouces , et parvient très-rarement à plus de deux pieds (2).

____

(1) *Gossypium herbaceum foliis quinque lobis subtus uniglandulosis, caule herbaceo.* Linn. Monadelph. Polyand.

(2) M. de Gouffier prétend que le cotonnier s'élève quelquefois à cinq pieds ; mais il veut sans doute parler du cotonnier en arbre, qui, dans nos climats, ne s'élève guère au-dessus. Au reste , il paroît qu'il ne connoissoit point la culture de cette plante par pratique ; son ouvrage ,

Trop confians dans la bonté de leur terre et du climat, les cultivateurs napolitains ne lui donnent point tous les soins qu'il demande ; ils le cultivent, recueillent et conservent ses fruits avec beaucoup de négligence : aussi le plus souvent les récoltes ne sont pas abondantes, et le coton est de mauvaise qualité. C'est ce que j'ai fait remarquer dans un ouvrage intitulé : *Réflexions succinctes sur l'état de l'Agriculture et de quelques autres parties de l'administration, dans le royaume de Naples*, etc.

La racine principale du cotonnier tend à pivoter ; ses racines latérales sont foibles ; il doit donc se plaire sur-tout dans les terres profondes, légères et substantielles : partout ailleurs il ne végète que foiblement, et ne donne que peu de fruits.

M. de Gouffier pense que le cotonnier aime les terres fortes, qu'il réussit dans les terres pierreuses et même crayeuses. Quand on feroit

---

imprimé dans les Mémoires d'Agriculture de la Société royale du département de la Seine, année 1789, trimestre d'automne, pag. 13, contient en effet plusieurs erreurs très-graves, qu'il est d'autant plus essentiel de relever, que c'est sur-tout des premiers essais que dépend le succès de la culture d'une plante nouvelle.

abstraction des raisons dépendantes de la construction de ses racines, il suffiroit de savoir qu'il craint les sols naturellement humides, pour être convaincu que des terres qui conservent longtems l'eau ne lui sont propres nulle part, encore moins sous les climats froids qu'ailleurs.

Comme les terres crayeuses sont légères et meubles à leur superficie, elles semblent lui devoir convenir sous ce rapport, ses racines latérales pouvant facilement s'y faire jour ; mais malheureusement elles sont sans substance, et il veut une terre fertile. D'ailleurs, comme elles sont très-compactes au-dessous de la terre labourée, son pivot ne pourra les pénétrer.

Trois raisons doivent faire rejeter les terres pierreuses, à moins que les pierres n'y soient très-petites : la première, c'est qu'on ne peut les ameublir suffisamment ; la seconde, c'est que le pivot, s'il rencontroit de grosses pierres, ne pourroit pas s'enfoncer ; la troisième, enfin, c'est que les graines qui en seroient recouvertes ne se développeroient point. Ainsi, sous tous les rapports, l'opinion de M. de Gouffier est erronée.

Cette plante ne se plaît point non plus sur le penchant des collines, quoique la terre ait toutes les qualités qui lui conviennent. Ceci tient à des considérations générales qui ne sont pas , comme je le démontrerai , les seules auxquelles il faille attribuer la foiblesse de sa végétation dans ces lieux. Je ne prétends pas dire qu'il refuse absolument d'y croître ; mais il est certain que dans les pays chauds son produit sera toujours en raison directe de la profondeur du terrain , et en raison inverse de l'élévation du site.

Les soins, l'industrie du cultivateur, la sécheresse, influent beaucoup sur les récoltes. Du reste, la plante souffre peu de la petite grêle, à moins qu'elle ne soit en fleurs ou déja en fructification ; quelquefois même la pluie compense au-delà les malheurs qui sont nés de l'orage, puisqu'elle lui fait pousser promptement de nouvelles branches. Rarement les insectes la font périr : l'acidité de ses graines, si on les a fait macérer dans une liqueur alcaline, les met à l'abri de la voracité des mulots. Je ne crois pas qu'aucun oiseau les recherche, quoique beaucoup de cultivateurs soient persuadés que les geais et les pies s'en nourrissent. D'après ces considérations, le cotonnier doit prospérer partout où le sol, le climat, le site lui conviendront, et où il sera cultivé avec soin.

La considération du site est très-importante ; cependant plusieurs Napolitains se plaisent à le cultiver tous les ans , quoiqu'ils ne possèdent que des terrains montueux , et que l'expérience leur prouve sans cesse qu'il n'y végète que foiblement , tandis que dans les lieux plus bas il étale un brillant feuillage et donne une abondante récolte. Il en est d'autres qui possèdent des terres qui lui sont propres, mais ne le cultivant pas d'une manière convenable , ils perdent une grande partie de leurs avantages. Ils ne labourent la terre que deux ou trois fois avec l'araire , qui, ne la pénétrant qu'à trois ou quatre doigts, ne peut la rendre meuble ; ils ne le sarclent qu'une ou deux fois, ce qui fait que la plus grande partie du plant est étouffée par les mauvaises herbes.

Ce n'est point là ma méthode. Je fais labourer , dès le mois de juillet, jusqu'à la profondeur de quinze pouces , avec la houe et la pioche , attendu que la bêche n'est point en usage dans la province que j'habite. Je fais donner encore deux labours pour extirper et enterrer les mauvaises herbes. Vers la fin de mars , l'on en donne un quatrième, aussi profond que le premier. Je fais fumer avec de la colombine ou des matières fécales. Quand je ne puis me procurer de ces matières, j'emploie le fumier, et de préférence celui de mouton, toujours mêlé d'une certaine quantité de chaux. Cette substance accélère la végétation et détruit les insectes qui, très-nombreux dans le fumier (qu'il faut employer à demi-pourri pour donner plus de chaleur à la terre), pourroient attaquer le germe. Après cette dernière opération, je fais enterrer le fumier par un léger labour, et je sème. Enfin je sarcle trois ou quatre fois; et toujours, à moins d'accidens extraordinaires, une récolte abondante vient me dédommager de mes soins et de mes dépenses.

Le pivot du cotonnier s'enfonce ordinairement d'un pied; il faut donc labourer au moins jusqu'à cette profondeur. D'un autre côté, il est nécessaire d'ameublir la terre, pour que les racines latérales puissent s'étendre facilement et chercher les sels végétaux dont la plante se nourrit. Il résulte de ma méthode encore un autre avantage; c'est que le pivot, pénétrant très-bas, trouve le peu de fraîcheur dont le cotonnier a besoin; ce qui met cette plante en état de résister aux longues sécheresses qui la font souvent périr dans le royaume de Naples. Malheureusement elle exige des soins que peu de personnes veulent prendre, et de premières dépenses que l'on se soucie rarement de faire.

C'est ainsi cependant que j'ai cultivé avec le plus grand succès le cotonnier herbacé dans une de mes terres nommée Saint-Esprit, située sous le 41e. degré 12 minutes de latitude.

J'ai tâché d'y acclimater le cotonnier en arbre (1); mais mes soins ont été vains. Cependant je crois devoir rendre compte de mes essais, pour que ceux qui voudront en faire de nouveaux, instruits de mes procédés, en imaginent d'autres, puisque les miens n'ont pas eu de succès.

J'avois éprouvé que l'espace d'environ huit mois, accordé par la nature à la végétation dans le royaume de Naples, ne suffisoit pas au cotonnier en arbre planté en pleine terre, pour acquérir la force de résister au froid du premier hiver, et dédommager, par son produit, le cultivateur de ses frais et de ses soins. Je crus donc devoir l'élever dans des pots, pour l'en tirer en motte et le placer en pleine terre à l'âge de deux ou trois ans.

Ce fut en 1783 que je commençai mes essais. Au mois de juillet, je fis prendre de la terre

______

(1) *Gossypium arboreum foliis palmatis lobis lanceolatis, caule fruticoso.* Linn. Monadelphia. Polyandria

forte , du sable de mer , et de la poudre des grands chemins qui sont construits et entretenus avec des pierres calcaires. Je fis le mélange de ces substances , très-sèches , dans les proportions suivantes :

Terre forte ,	$\frac{1}{3}$,
Sable de mer bien lavé à l'eau douce ,	$\frac{3}{6}$,
Poudre des grands chemins ,	$\frac{1}{6}$.

Le tout ayant été bien mêlé et criblé à plusieurs reprises , avec une addition de sciure de bois de chêne , je le fis arroser légèrement deux fois durant l'été. Il resta entassé pendant six mois sous un hangard ouvert aux vents du nord , pour que les matières reçussent et conservassent les sels nitreux que l'air dépose.

Au commencement de décembre , je remplis de cette terre vingt-quatre pots de neuf pouces de diamètre , et de quinze pouces de hauteur. J'en fis quatre parts égales. Je mis dans chacun des pots de la première une demi-livre de colombine , et autant de matière végétale bien pourrie ; dans ceux de la seconde , j'ajoutai une pareille quantité de matière végétale , avec une livre de matière fécale ; dans ceux de la troisième , je mêlai une livre et demie de crotin de mouton : enfin les six derniers furent arrosés avec cinq onces d'huile d'olive , après que j'y eus mis huit onces de chaux éteinte à l'air , et autant de matière végétale que dans les premiers. Tous restèrent en cet état jusqu'à la fin de mars : alors je plantai dans chacun deux graines , les plus saines que j'eusse trouvées , après les avoir fait macérer dans une liqueur dont j'indiquerai la composition. Tous ces pots , placés sous un hangard à l'abri des vents du nord , furent arrosés. Ce fut la chaux qui accéléra le plus le développement du germe ; la colombine ne lui céda guère ; l'effet des matières fécales ne fut pas aussi prompt , et celui du crotin le fut encore moins. Les progrès de la végétation suivirent toujours le même ordre.

Malgré mes soins , il y eut des pots où les graines ne levèrent pas ; mais j'y repiquai celles que j'arrachai des pots où il en avoit poussé deux.

Vers le commencement de mai , tous mes pots furent placés en plein air : durant les sécheresses , je les fis arroser bien légèrement , avec de l'eau échauffée par les rayons du soleil. Je dis bien légèrement ; car, sous un climat très-sec, les plantes, si je les eusse habituées alors à une trop grande humidité, n'auroient point prospéré en pleine terre, et peut-être auroient-elles promptement péri.

A la fin de juillet, tous mes arbrisseaux étoient en pleine végétation. Ils passèrent toute la belle saison en plein air. Dans le mois d'août, je leur vis produire quelques fleurs, dont la plupart avortèrent.

Dans les premiers jours de novembre, tous les pots furent placés dans une serre dont on ouvroit chaque jour les fenêtres, pour procurer aux plantes la jouissance du grand air et des rayons du soleil : on les renfermoit avant le coucher de cet astre.

A la fin de l'hiver, leurs tiges étoient à-peu-près de la grosseur d'un doigt. Dans les derniers jours de mars, on les plaça sous un hangard d'où je les tirai vers la mi-avril pour les exposer en plein air, après avoir fait labourer la terre des pots, et ajouter dans chacun une demi-livre de fumier bien pourri, composé de colombine ; de matière fécale, de matière végétale, de crotin de mouton et d'une petite quantité de chaux, le tout préparé une année d'avance.

Dans le courant d'août, tous les arbrisseaux se couvrirent de fleurs. Je tressaillis de joie à l'aspect de leur brillante végétation, et je conçus plus que jamais l'espoir d'acclimater dans mon pays une plante aussi précieuse. Cette année, je fis une récolte aussi abondante qu'on pouvoit l'espérer d'un si petit nombre de plantes. Je laissai les pots en plein air pendant tout le mois de novembre, et j'observai que les petites gelées blanches n'avoient que foiblement endommagé les dernières pousses du commencement de l'automne. Malgré d'aussi belles apparences, je n'osai pourtant encore exposer aucune de mes plantes aux rigueurs de cet hiver. Je les fis rentrer et gouverner comme l'année précédente.

Vers la mi-avril, leurs tiges avoient environ deux pouces et demi de circonférence ; elles portoient des branches nombreuses et vigoureuses. Alors je résolus d'en planter six en pleine terre. J'en plaçai deux dans une terre légère, abondante en matières calcaires, bien fumée et profondément labourée. Je choisis pour deux autres la même qualité de terre, et un site abrité par un mur de jardin. Je plantai les deux qui me restoient dans une terre à blé, argileuse et bien fumée. Les premiers prirent beaucoup d'accroissement, et produisirent une fois plus que ceux qui étoient restés dans les pots ; les seconds donnèrent le triple ; les derniers ne produisirent pas plus et ne devinrent pas plus forts ; encore la plupart de leurs fruits ne mûrirent-ils point : en sorte que je n'en tirai que peu de coton, de bien moindre qualité que celui que donnèrent les quatre autres, et ceux même qui restoient empotés. Relativement à ces derniers, je dois faire observer que tous les ans, leurs racines remplissant les pots, j'étois obligé de leur en donner de plus grands. Dans cette opération, qui avoit lieu au mois de mars, je mêlois toujours avec la terre une certaine quantité d'engrais, composé comme je l'ai dit plus haut. Au reste, cette année, je les fis rentrer en novembre, comme par le passé.

Ce mois s'écoula sans que les cotonniers plantés en pleine terre eussent souffert du froid ; mais dans les premiers jours de décembre, le thermomètre de Réaumur n'étoit pas à deux ou trois degrés au-dessus de zéro, que déja les nouvelles pousses de ceux qui n'étoient pas à l'abri étoient détruites.

Les gelées, sous la latitude où je me trouvois, excèdent rarement un degré au-dessous de zéro ; cependant, à peine commencèrent-elles à se faire sentir, que les arbrisseaux plantés dans la terre forte avoient souffert jusque dans leurs rameaux, ainsi que ceux placés dans la terre légère. Quant à ceux qui étoient abrités, ils paroissoient en meilleur état.

Aux gelées succédèrent des pluies abondantes. J'attendois avec impatience le retour des beaux jours, qui devoit confirmer mes craintes ou mes espérances : l'événement me prouva que celles-là n'étoient que trop fondées.

Après quelques jours de beau tems, l'écorce des plus forts rameaux des cotonniers exposés en pleine terre étoit crevassée et se détachoit facilement du bois; les tiges seules avoient encore quelqu'apparence de vie : cependant les cotonniers abrités paroissoient n'avoir perdu que leurs petits rameaux.

Je fis labourer la terre autour de tous mes arbres. Vers le commencement du printems, je m'apperçus que le froid avoit fait périr jusqu'aux racines de ceux qui étoient placés dans la terre forte et qui n'avoient pas beaucoup tracé ● ainsi, à leur égard, je perdis toute espérance.

Ceux qui se trouvoient dans la terre légère n'avoient conservé que leurs racines ; les tiges de ceux qui étoient abrités restoient intactes jusqu'à la hauteur de deux ou trois pouces. Soutenu par un reste d'espoir, je les fis labourer et fumer. Les derniers ne tardèrent pas à repousser des rejetons ; les deux autres végétèrent un peu plus tard, mais très-foiblement : les uns et les autres ne produisirent que très-peu. La seconde année, qui fut un peu plus froide, les premiers périrent, quoiqu'ils eussent pivoté profondément, et que leurs racines latérales eussent beaucoup tracé ; les seconds ne conservèrent plus que quelqu'apparence de vie.

J'ai planté ensuite de ces arbrisseaux à l'âge de huit à dix ans, et je n'ai pas obtenu plus de succès.

Je suis donc convaincu qu'il est impossible, du moins par les moyens dont je me suis servi, d'acclimater le cotonnier en arbre dans le royaume de Naples, et à plus forte raison en France.

Néanmoins j'ai, pour le conserver, employé des procédés qui m'ont réussi plusieurs fois. J'ai semé la graine au commencement d'avril ; j'ai recueilli le peu de fruits que les arbrisseaux ont donné ; je les ai arrachés ensuite avec assez de précaution pour ne pas endommager les racines ; j'en ai fait des fagots que j'ai placés dans une chambre exposée au midi ; j'ai couvert les racines de terre tant soit peu humide ; j'ai laissé leurs tiges et leurs branches dehors, et je les ai replantés au printems. Par ce procédé, j'ai obtenu beaucoup de fruits des pieds qui ont bien repris, et j'en ai conservé quelques-uns pendant trois ou quatre ans. J'avoue qu'un grand nombre périssoit durant l'hiver, que la plupart de ceux qui s'étoient conservés ne reprenoient point, et que beaucoup des autres ne végétoient que foible-ment. Peut-être ce défaut de succès ne doit-il être attribué qu'aux sécheresses qui règnent ordinairement dans le royaume de Naples, et qui empêchent la plante de reprendre. Comme cet inconvénient n'auroit pas lieu en France, où il pleut fréquemment, même dans les dé-partemens méridionaux, je ne doute pas qu'on n'y puisse tirer parti du cotonnier en arbre, par ce procédé, qu'on suivra de point en point, avec la précaution de semer un mois plus tard, et de replanter en mai.

On préviendra les inconvéniens qui pour-roient naître de la perte d'un grand nombre d'arbrisseaux, en semant tous les ans deux ou trois fois plus de graines qu'il n'en faut pour le terrain qu'on destine à la plantation de l'an-née suivante. Au reste, je propose cette mé-thode, que je suis loin de vanter, comme la seule qui paroisse propre, sur-tout en France, à la culture de cet arbrisseau.

Mais c'est assez parler d'une culture longue, dispendieuse, difficile et incertaine; laissons cette plante aux climats qui lui sont favorables: qu'elle soit l'ornement, la richesse de l'Afrique, des Indes et de l'Amérique; pour nous, cher-chons à améliorer et à étendre la culture du cotonnier herbacé. Il est aussi productif que le premier, en proportion du terrain que chaque pied occupe; il donne un duvet aussi long, aussi blanc et aussi fin. Déja naturalisé dans plusieurs contrées de l'Europe, il s'acclimateroit assez facilement en France; j'ose même dire qu'il y réussira infailliblement, si l'on prend toutes les précautions et tous les soins qu'il exige.

Avant de parler de sa culture, décidons-nous d'abord dans le choix des graines qu'on emploiera pour la première plantation. Irons-nous les chercher dans les Indes, dans l'Afrique ou dans l'Amérique? Pourquoi si loin, lorsque nous les avons pour ainsi dire sous notre main; lorsque, depuis plusieurs siècles, on possède ce végétal en Europe, où il croît parfaitement?

C'est un principe reçu que, lorsque l'on veut introduire une plante dans une contrée plus froide ou plus chaude que celle où la nature la produit, on ne doit point lui faire franchir de grandes distances, mais la rapprocher par degrés du climat où l'on veut la transporter : c'est donc de la contrée la plus proche qu'il faut tirer les graines de la plante dont nous voulons enrichir notre sol.

Cela posé, à moins qu'on ne puisse trouver

ailleurs, ce que je ne crois pas, une variété moins sensible au froid, c'est dans le royaume de Naples qu'il faut prendre les graines du cotonnier ; il faut même donner la préférence à celles qui ont été récoltées dans les sites où le froid est le plus sensible, ou qui sont sous une latitude rapprochée de celle des pays méridionaux de la France, si toutefois on n'en trouve pas dans quelque pays d'Italie plus voisin de cet empire. C'est dans les contrées les plus chaudes qu'il faudra les semer pour la première fois : on pourra par la suite, en se rapprochant du nord par degrés, étendre cette culture dans la plus grande partie des départemens de la France.

Après la considération du climat vient celle du terrain et des influences atmosphériques, nécessairement subordonnée à la première. Telle plante qui, dans un pays froid et pluvieux, végète mal dans une terre forte, y prospéreroit, au contraire, sous un climat brûlant, à moins que des raisons dépendantes de sa nature et de l'organisation de ses racines ne s'y opposassent.

Les observations que j'ai faites, tant dans mes terres que dans celles des autres, m'ont convaincu que, dans le royaume de Naples, les plaines et les fonds conviennent mieux au cotonnier que les collines, quoique la nature du sol soit la même, qu'on cultive la terre et la plante avec les mêmes soins. Pour me rendre raison de ce fait, je recourus à l'expérience, seul guide fidèle du cultivateur.

L'analyse me prouva que les terres de la colline et du fond de mon domaine étoient de même nature, mais que celles-ci contenoient plus de sels et de matières végétales que celles-là. Après quinze jours de sécheresse, précédés d'une journée de pluie abondante, les premières étoient très-desséchées jusqu'à la profondeur d'un pied; les secondes conservoient encore à six pouces assez d'humidité pour entretenir la végétation des plantes.

Il est tout naturel, sans doute, que les terres basses soient les plus fraîches et les plus abondantes en matières végétales, puisqu'elles reçoivent les eaux qui descendent des collines, et entraînent avec elles des sels qu'elles y déposent, puisqu'elles sont couvertes, à certaines heures du jour, par l'ombre des hauteurs qui les mettent à l'abri de l'action des vents. Il ne faut donc pas s'étonner si quelques plantes qui prospèrent dans les unes, languissent dans les autres.

Mais pour me convaincre que le défaut d'humidité et de sucs végétaux étoit la seule cause qui nuisît à la prospérité du cotonnier sur les collines, et que l'exposition, l'élévation du lieu n'y avoient aucune part, je choisis vingt plantes dans le fond, et un pareil nombre sur le penchant de la colline, je mis du fumier aux pieds de celles-ci, pour leur procurer à-peu-près autant de sucs végétaux que les autres en trouvoient dans leur position. Dans les sécheresses des mois de juillet et d'août, je les fis toutes arroser, mais les premières moins que les secondes : toutes végétèrent très-bien, et le produit fut, de part et d'autre, égal et de bonne qualité (1).

De ces expériences, et de quelques autres qu'il seroit trop long de rapporter, on peut conclure que le cotonnier, qui aime les vallées et les plaines dans le royaume de Naples, doit au contraire, en France, se plaire davantage sur le penchant des collines exposées au midi. Tout vient à

___

(1) Dans le royaume de Naples, lorsque le printems et l'été ne sont pas fort secs, le cotonnier donne des récoltes très-abondantes ; je l'ai vu même, dans ce cas, refleurir en septembre. A la vérité, les fleurs ont avorté ; mais je n'en ai pas moins présumé que cette plante pourroit bien être bisannuelle. En ce cas, on pourroit l'arracher après la cueillette, pour la conserver pendant l'hiver et la replanter au printems, avec les précautions indiquées pour le cotonnier en arbre. Au reste, je ne présente ceci que comme une conjecture que je n'ai encore appuyée d'aucune expérience.

l'appui de cette idée. En France , il pleut souvent; la température est moins élevée , le soleil
est moins ardent , les vents sont moins chauds
que dans le royaume de Naples , où *l'ostro*
force quelquefois les habitans à se tenir renfermés. Il faut donc y choisir , pour une plante
qui aime la chaleur et craint le trop d'humidité , un site à l'abri des vents du nord , qui laisse
facilement échapper les eaux , et ne soit jamais
sujet à être noyé (1); et il me semble que le penchant des collines réunit tous ces avantages.

Il faut commencer la culture de cette plante
en petit , et dans le seul but de se procurer
des semences produites sous le climat et dans

----

(1) M. Tessier recommande , dans son savant Mémoire ,
l'arrosage dans les pays chauds ; mais comme on voit souvent succéder des pluies abondantes aux longues sécheresses , il faut arroser de bonne heure ; car s'il venoit à
pleuvoir immédiatement après l'arrosement , le cotonnier
seroit noyé , et sa végétation seroit retardée ; ce qui arriveroit encore , si l'eau n'étoit pas à la température de
l'atmosphère. Au reste , ce végétal pompe beaucoup
d'humidité par ses feuilles. Pour m'en assurer , dans
le tems des sécheresses , je mouillois légèrement le soir
avec une éponge les feuilles de quelques plantes ; cela
suffisoit pour les faire végéter , tandis que les autres lan-
guissoient. De tout cela je conclus que , s'il faut arroser
quelquefois le cotonnier , ce doit être avec beaucoup de
ménagement et de précaution.

le sol même où l'on se propose de la faire en grand (1). J'attache d'autant plus d'importance à cette condition, que c'est sur-tout en répétant les semis qu'on parvient à acclimater une plante étrangère.

Le cotonnier aime beaucoup le soleil ; comme le haricot des Indes, *phaseolus caracalla*, il recherche ses rayons et leur présente la partie inférieure de ses feuilles, qui suivent cet astre dans sa marche. Il faudra donc faire les premiers essais le long de quelque mur, à l'exposition du midi.

La bêche est très-propre à la culture en petit. On peut, avec cet instrument, labourer à une grande profondeur, pulvériser la terre autant qu'on le juge à propos. La pioche et la houe produisent à-peu-près le même effet ; mais il ne faut pas l'attendre du soc.

Le premier labour doit se donner immédiatement après la récolte des blés. Il faut bêcher

(1) Cette précaution n'est bonne que pour les premiers essais ; car par la suite, pour avoir de bonnes récoltes, il conviendra de changer de graines tous les trois ou quatre ans. Le cotonnier, comme les autres plantes, dégénère si on le sème plusieurs années de suite dans la même terre.

à quatorze pouces au moins, enterrer le chaume,
et purger la terre des mauvaises herbes et des
racines. On labourera encore deux fois par les
tems secs. A la fin d'avril , on donnera le dernier labour à la même profondeur que le premier. On fumera avec de la colombine , ou des
matières fécales , avec une légère addition de
chaux. Si l'on ne peut se procurer de ces matières , on se servira de fumier , et par préférence de celui de mouton à demi-pourri ; mais
dans ce cas il faudra employer plus de chaux.
Quelle que soit la qualité des engrais dont on
usera, il en faudra toujours un tiers de plus que
pour fumer les terres à blé. On enterrera l'engrais
de deux à trois pouces ; le même jour , ou le lendemain au plus tard , on plantera les graines. Ceci
est d'autant plus important que , dans les premiers
jours , il s'établit dans la terre une légère fer-
mentation qui accélère le développement du
germe. On ne doit rien négliger pour obtenir
en France cette accélération : c'est pourquoi j'ai
recommandé l'usage modéré de la chaux. Si
cette substance produit de bons effets dans le
royaume de Naples , où la sécheresse règne
pendant la plus grande partie de l'été , elle est
indispensable sous un climat où la température
est très-inconstante , les chaleurs peu fortes et
les pluies fréquentes ; où ce végétal aura à peine

le tems nécessaire pour se développer, produire et mûrir ses fruits.

J'ai employé pour la culture du cotonnier
toutes sortes d'engrais, et c'est toujours celui
où j'avois mêlé de la chaux qui a le plus accé-
léré le développement du germe et donné plus
de vigueur à la plante.

Avant de semer, on fera macérer les graines
dans une liqueur alcaline.

Quoique je ne croie point à toutes les vertus
qu'on attribue à ces sortes de liqueurs, je
pense qu'il auroit suffi de prouver aux cultivateurs qu'en les employant, ils ne sont pas
dispensés d'engraisser et de cultiver leurs terres;
mais il ne falloit pas refuser à ces préparations
la propriété d'accélérer le développement du
germe, et de favoriser la végétation pendant
les premiers jours.

J'ai fait macérer, dans diverses lotions, plusieurs espèces de graines, pendant plus ou
moins de tems, selon le degré de la liqueur.
Je les ai semées à côté de graines de même
espèce et de même qualité, que je m'étois
contenté de faire tremper dans l'eau et j'ai
toujours observé que les premières germoient
cinq à six jours avant les secondes, et que
durant dix ou quinze jours leur développement étoit beaucoup plus rapide.

La liqueur à laquelle je donne la préférence , se compose de jus de fumier, de vin , de nitre commun et de sel marin dans les proportions suivantes :

Jus de fumier , 3oo pintes.
Vin , 5o pintes.
Nitre commun , 15 livres.
Sel marin , 18 livres.

On fait le mélange dans un cuvier ; on y jette une quantité de graines de coton , proportionnée à celle du liquide , de manière qu'elles en soient couvertes de trois à quatre doigts. Elles trempent pendant cinq à six heures ; on les retourne de tems à autre , après quoi on les laisse égoutter dans des paniers ; on les étend sur des claies placées à l'ombre , pour qu'elles ne puissent pas s'échauffer ; on les fait ensuite frotter avec du sable pour les désunir. On sème le lendemain , s'il fait beau ; car il ne faut jamais semer la graine du cotonnier quand il pleut , ou que la terre est trop humide.

Cependant il faut faire attention que les graines , quelques soins qu'on prenne de les bien étendre et de les retourner souvent, ne peuvent guère se conserver plus de deux jours, après la lessive.

Je conviens que cette liqueur est dispendieuse ; mais elle sert pour des graines pareilles, jusqu'à ce qu'elle soit épuisée. D'ailleurs ceux qui ne pourront pas se procurer du nitre, emploieront en place une forte lessive de cendres ou de suie. Sur les côtes, l'eau de la mer suppléera aux sels ; le cidre, la bière, et même l'eau-de-vie, tiendront lieu de vin : on aura soin de proportionner les doses de chacune de ces substances au degré de leur force.

Les graines étant ainsi préparées, on les plantera à un pied ou quinze pouces l'une de l'autre dans les terres ordinaires, et à quinze ou dix-huit pouces, dans les bonnes terres bien fumées (1). On se servira, dans cette opération, d'un crochet avec lequel on fera le trou, et l'on recouvrira les graines de deux pouces de terre ; plus recouvertes, elles germeroient trop tard, ou ne repousseroient pas.

Les graines de cotonnier ont la propriété de se conserver saines pendant deux ou trois ans, si on les a récoltées avec soin et gardées

---

(1) M. de Gouffier veut qu'on les éloigne de deux pieds. Cette distance est trop grande pour une plante de dix-huit pouces à deux pieds de hauteur ; elle seroit trop petite pour celle qui, selon cet agriculteur, s'élève à cinq.

dans un lieu sec ; cependant il s'en trouve toujours un certain nombre qui ne germent pas. Pour s'assurer de leur bonté, on les presse entre les doigts ; si l'écorce se sépare des graines, et si elles s'écrasent dans la friction, c'est un signe infaillible de corruption. Mais le moyen le plur sûr de reconnoître si elles sont propres à la reproduction, c'est d'essayer sur une couche une quarantaine de graines, prises au hasard dans celles qu'on destine au semis.

Quelques précautions qu'on ait prises à cet égard, il faudra toujours, dans le doute, planter deux graines dans chaque trou.

Au premier sarclage qu'on exécutera lorsque le plant aura deux pouces de haut, on ne laissera qu'un pied, et on remplira les places vides par ceux que l'on aura arrachés (1).

----

(1) M. de Gouffier veut qu'on mette quatre graines par trou, et qu'on en laisse deux au premier sarclage, qui, selon lui, ne doit se faire que lorsque le cotonnier a quatre pouces; il ajoute même qu'il faut comprimer la terre autour des plantes; mais cette méthode est très-mauvaise. Si l'on place quatre graines dans le même trou, les racines s'entremêleront, et, en arrachant les unes, on tourmentera les autres; si on laisse deux plantes dans le même trou, elles nuiront mutuellement à leur développement; enfin, si l'on sarcle si tard, les mauvaises herbes

Voilà tout ce que j'avois à dire sur la culture du cotonen petit : ceux qui voudront la faire en grand, seront obligés de se servir de la charrue. Mais cet instrument n'ameublit pas assez la terre pour que le cotonnier puisse y prospérer. Si, comme je l'ai déja dit, le sol n'est pas profondément labouré, son pivot sera gêné dans sa croissance, et ses racines latérales ne peuvent se multiplier et tracer que dans une terre légère et bien ameublie.

Comme le nombre des branches est toujours en proportion de celui des racines, il est facile de sentir que dans une terre mal ameublie le cotonnier produira peu.

Il est donc certain que la culture en grand sera moins productive que la culture en petit ; mais aussi elle exigera moins de dépenses, et tout sera compensé. Il me semble d'ailleurs qu'en faisant suivre deux charrues dans le même sillon à chaque labour, on ouvriroit la terre

---

auront déja fait beaucoup de tort aux plantes. Au lieu de chercher à comprimer la terre, il faut au contraire éviter de la presser autour des plantes. Toute compression est inutile, puisque leur pivot pénètre assez profondément pour que le vent ne puisse pas les déraciner ; elle seroit même préjudiciable, puisqu'elle rendrait la terre impénétrable à leurs foibles racines.

à une profondeur convenable. On pourroit aussi
se servir de la forte charrue à versoir , et former
des ados où le cotonnier trouveroit la profondeur et la légèreté qu'il exige.

Au reste, dans la culture en question, comme
dans la culture en petit , c'est toujours immédiatement après la récolte du blé qu'il faut
donner le premier labour. On en donnera trois
autres encore jusqu'à la mi-avril , lorsque le
sol ne sera pas humide et que le tems sera sec.
On passera la herse et le rouleau après chaque
labour. Ces deux instrumens doivent être légers,
sur-tout pour la dernière façon. On semera la
graine à la volée, vers la fin d'avril , après
avoir fumé la terre , comme je l'ai prescrit pour
la culture à bras. Le semeur doit jeter les
graines de manière à ce qu'elles s'écartent beaucoup.

La quantité des semences pour chaque ar-
pent doit être de sept à huit boisseaux : telle
est du moins celle qu'on emploie ordinairement
dans le royaume de Naples. Un cultivateur in-
telligent saura bien l'augmenter et la diminuer
à propos, en observant qu'elle doit être en
raison inverse de la bonté de la terre.

On pourroit aussi exécuter le semis en faisant
jeter, à la distance prescrite pour la culture
en petit , les graines dans le sillon par une

femme ou un enfant. Mais, dans ce cas, il faudroit avoir soin qu'elles ne fussent pas enterrées à plus de deux pouces de profondeur, et conséquemment employer une charrue très-légère. Cette méthode est plus dispendieuse et moins convenable que la première.

Il faut sarcler au moins deux ou trois fois. Lorsqu'on a semé à la volée, on éclaircit les plantes au premier sarclage, qui doit se faire lorsqu'elles ont deux pouces de hauteur. On les laissera à un pied l'une de l'autre dans les terres ordinaires, et à 15 ou 18 pouces dans les bonnes terres. Les sarclages exigent beaucoup de soins et d'intelligence : dans ces opérations, on se gardera bien de rechausser les plantes ; on augmenteroit par là l'humidité autour d'elles, et on empêcheroit les rayons du soleil de pénétrer assez avant, ce qui retarderoit leur végétation. Il faut donc que le terrain soit tenu très-uni.

Au reste, on doit suivre exactement, dans ces opérations, la méthode que j'ai prescrite pour la culture à bras.

Je n'ai jamais vu châtrer le cotonnier. Il se charge naturellement d'une grande quantité de rameaux : ainsi cette opération ne peut lui être utile, et elle retarderoit sa végétation. Si le cotonnier que M. de Gouffier faisoit châtrer s'élevoit à cinq pieds, après cette opération, à quelle hauteur ne seroit-il point parvenu, s'il ne l'eût pas subie ? *Cette plante gigantesque ne m'est point connue.* S'il entend parler du cotonnier en arbre, il a tort : car, si l'on châtroit cette plante, elle ne pousseroit que des branches gourmandes, et ne donneroit que peu de fruits.

Le cotonnier commence à fleurir lorsqu'il a acquis les trois quarts de sa croissance ; il donne successivement de nouvelles fleurs : ainsi ses fruits mûrissent les uns après les autres. La cueillette exige donc beaucoup d'attention ; il est d'autant plus important de la faire à mesure que les fruits sont mûrs, que dans les tems humides, ils s'altèrent bientôt après leur maturité, qu'ils ont atteinte lorsque la gousse est ouverte, noircie et presque sèche. C'est, quoi qu'en dise M. Gouffier, par un tems très-sec qu'il faut faire cette opération, quand on le peut.

On doit la commencer une heure après le lever du soleil, et cesser avant son coucher. Ceux qui veulent qu'on cueille le matin et à la rosée, donnent pour motif que les feuilles alors humectées ne se brisent pas et ne se mêlent pas au coton : cet inconvénient, d'ailleurs facile à parer par un peu de soins et de précautions, n'est rien en comparaison de ceux que l'humidité produit, puisqu'elle altère le coton en très-peu de tems.

C'est pourquoi si (comme cela arrivera souvent en France) on est obligé de faire la cueillette par un tems brumeux et humide , on se
gardera bien d'entasser ou d'ensacher les gousses;
il faut , au contraire , les étendre à mesure
qu'on les cueille , sur des planches placées
dans un lieu exposé au midi et où les rayons
du soleil puissent pénétrer; et dans le cas où
l'on ne pourroit se procurer une chaleur naturelle , il faudroit absolument avoir recours
à une chaleur artificielle.

Quelques soins que l'on donne en France
à la culture de cette plante , il est probable
que beaucoup de ses fruits ne parviendront pas
à une maturité parfaite , puisque cela arrive
même à Naples. Pour prévenir cet inconvénient,
on doit exposer, immédiatement après les avoir
cueillis , les fruits au soleil , jusqu'à ce qu'ils
soient ouverts et secs. En France , on sera
obligé de recourir à une chaleur artificielle
poussée au degré que l'expérience fixera dans la
suite. Le coton qu'on obtient ainsi est beaucoup
moins blanc , beaucoup plus court, et , en
général , de moins bonne qualité que l'autre.
Les graines qui n'ont pas acquis leur degré de
perfection , ne valent rien pour semence. Il
faut donc , comme M. Tessier l'a sagement observé , séparer cette partie de la récolte.

Pour conserver le coton , on ne devroit pas ,

même lorsqu'il est très - sec , l'entasser dans les magasins , ni l'ensacher. Comme il est très-avide d'humidité , il s'en pénètre promptement , et elle devient pour lui un principe d'altération , s'il n'est pas sans cesse pénétré par un courant d'air libre. Pour moi , je suis dans l'usage de le mettre dans de grands paniers d'osier à claire-voie , au milieu desquels s'élève un petit cylindre , aussi à claire-voie , qui forme un trou au milieu de la masse placée entre ce petit cylindre et les parois des paniers. Je les dispose sur des planches. De cette manière , l'air pénètre aisément toute la masse , et le coton se conserve très-bien. Mais ce moyen est dispendieux , et exige de vastes magasins.

Quelle que soit la méthode qu'on adopte , il faut que tous les jours le magasin soit ouvert dans les tems secs , et bien fermé la nuit et dans les tems humides.

Je pense que ces soins ne seront pas du goût des cultivateurs , parce qu'ils leur feront perdre beaucoup du côté du poids ; cependant , s'ils réfléchissent aux avantages qui en résultent pour la qualité , ils sentiront que leur négligence peut leur faire grand tort dans l'esprit des consommateurs.

A la vérité , le coton peut contenir une certaine quantité d'humidité sans que cela soit sensible ; mais pour le vérifier, il suffit d'en exposer une livre au soleil : on la repèsera au bout de quelques heures , elle aura perdu en poids ce qu'elle contenoit d'humidité.

Pour séparer la graine du duvet , on se sert d'un moulinet dont la construction est fort mal-entendue : une partie des graines est concassée dans l'opération , une autre partie reste mêlée au coton et l'altère par l'humidité qu'elle y porte ; il seroit donc à desirer qu'on perfec-tionnât cette machine.

La conservation des graines ne demande pas moins de soins que celle du coton. Enveloppées d'un duvet dont on ne peut les séparer , elles sont toujours imprégnées d'une certaine hu-midité capable de les corrompre , si on n'avoit pas soin de les étendre sur des planches , dans un lieu sec et bien fermé.

Telles sont les notions que j'ai acquises par l'expérience sur la culture du cotonnier. Présu-mant qu'elles pourroient être utiles , j'ai cru de-voir les publier dans un moment où V. Exc. desire naturaliser en France ce précieux végétal. Du reste , je n'ai voulu que donner une preuve de mon dévouement à un gouvernement et à un peuple qui m'ont reçu et accueilli dans mon infortune.

OBSERVATIONS

SUR LE PORC-ÉPIC. [1]

Je vais parler d'un animal qui forme seul un anneau particulier dans la chaîne des êtres vivans. Soit qu'on le considère sous le rapport de ses formes, soit qu'on l'examine sous celui de ses mœurs, il a des caractères uniques et qui tranchent avec ceux des espèces qui ont le plus d'analogie avec lui. Originaire de ces contrées que le soleil dévore pour ainsi dire de ses rayons, il craint la lumière et la fuit.

---

(1) Ὑστρίξ, Arist., Hist. anim., lib. I, cap. VI, § 7. — Hystrix, Plin., Hist. nat., lib. VIII, cap. LIII, § 35. — Hystrix, Gesn. de quadrup., lib. I. — Hystrix., Aldrov. de quadrup. digit. vivip., lib. II, cap. XXXVIII. — Hystrix, palmis tetradactylis, plantis pentadactylis, capite cristato, cauda abbreviata. Linn., Syst. nat. — Porc-épic., Buffon, Hist. des animaux quadrup., tom. VI, édit. in-12. — *Istrice*, ou *porco spinoso* en italien.

Ses habitudes n'ont rien de honteux, et il se dérobe à tous les regards. Par la nature et le nombre des organes de la locomotion, il est du nombre des quadrupèdes, et ses épines le rapprochent des oiseaux, puisqu'elles ne diffèrent des plumes, qu'en ce qu'elles sont dépourvues de barbes. Aiguës à leur extrémité, elles le mettent à l'abri des atteintes des autres animaux; cependant il est d'un naturel très-craintif : le moindre bruit l'effraie et le fait rentrer dans l'obscurité de son asile. Enfin, c'est un composé de contradictions et de bisarreries qui le rendent intéressant pour le philosophe et le naturaliste : il n'a pourtant point encore été bien observé sous le rapport des habitudes et des mœurs.

Aristote (1) est le premier des anciens dont les écrits sont parvenus jusqu'à nous, qui en ait fait mention. Ce grand homme, dont le génie embrassa tant de choses, occupé de relever et de réfuter les erreurs qui, de son tems, déshonoroient la philosophie, n'a pas pu se livrer à des observations particulières sur tous les animaux dont il a parlé : il s'est vu forcé

____

(1) Lib. VI, cap. XXX, § 5o. — *Idem*, lib. VIII, cap. XVII, § 22, et lib. IX, cap. XXXIV, § 63.

de suivre souvent des traditions vulgaires ; aussi a-t-il quelquefois avancé des faits dont l'expérience a démontré la fausseté. Il n'a dit que peu de chose du porc-épic ; encore s'est-il trompé. Selon lui, cet animal ne porte que trente jours (1), et il est prouvé qu'il porte beaucoup plus longtems. A cette opinion vulgaire, il en ajoute une autre plus singulière et non moins fausse, que la brillante imagination de Pline n'a pas manqué d'adopter et d'embellir (2). S'il faut en croire ces deux auteurs, le porc-épic a la faculté de lancer, contre les chiens et les chasseurs, ses piquans, comme autant de traits ; mais l'adhérence de ces piquans à la peau, leur légèreté, rendent physiquement impossible ce fait, d'ailleurs démenti par l'expérience.

Ces deux grands hommes n'ont donné aucune lumière sur les mœurs de cet animal ; et, comme leurs successeurs n'ont rien ajouté à ce qu'ils en ont écrit, tout ce que l'antiquité nous a transmis sur son histoire se borne à deux erreurs.

Buffon est venu depuis. Son génie, qui pla-

---

(1) Arist., Hist. anim., lib. VI, cap. XXX, § 3o, et lib. XXXIX, § 63.

(2) Plin. Hist. nat., lib. VIII, cap. LIII, § 55.

noit sur toute la nature , n'a pu adopter les contes d'Aristote et de Pline. Mais comme il n'a rien trouvé de raisonnable sur le porc - épic dans les ouvrages de ses prédécesseurs , et qu'il n'a point eu lieu de l'observer, il ne nous en a donné ui - même qu'une histoire fort incomplète : il a mieux aimé garder le silence sur ses facultés , que d'embrasser des opinions erronées , ou d'avancer trop légèrement des faits que l'expérience auroit pu démentir. En considérant cet animal sous le rapport des formes extérieures , ce grand naturaliste trouva que rien n'autorisoit à lui donner le nom de porc-épic, puisqu'il n'avoit pas de ressemblance avec le cochon (1). S'il eût mieux connu ses mœurs, ses habitudes naturelles et quelques parties de sa construction interne, peut-être auroit-il remarqué que cette dénomination n'étoit pas dénuée d'analogie; mais le Pline français ne se pique pas de l'avoir étudié sous ce rapport; il se plaint même de ce qu'aucuns des grands observateurs de l'Italie n'ont porté leur attention sur ce quadrupède habitant de leur pays (2). C'est cette plainte bien fondée, qui m'a engagé à l'obser-

---

(1) Hist. nat. , tom. VI, pag. 1ere. et suiv.

(2) Hist. nat. , tom. VI, pag. 8.

ver et à écrire ce Mémoire. Heureux s'il peut suppléer au silence des savans naturalistes que l'Italie a produits, et remplir une lacune qui existe dans l'histoire des quadrupèdes!

Lorsque j'ai entrepris cette tâche, je n'en avois pas prévu toutes les difficultés : je n'ai pu la remplir qu'à force de soins, de veilles et de travaux, dont, à la vérité, les découvertes que j'ai eu le bonheur de faire, m'ont amplement récompensé.

Je ne parlerai point de la construction de cet animal : on en trouve une excellente description dans les Mémoires de MM. de l'Académie des sciences, qui l'ont anatomisé avec le plus grand soin (1). Ses habitudes, ses mœurs, ses facultés seront seules la matière de cet ouvrage.

Je le considérerai dans l'état purement sauvage; je parlerai ensuite des moyens que j'ai employés pour le prendre vivant et pour l'observer avec exactitude. Je rendrai compte enfin des faits dont j'ai été témoin quand je l'ai eu en ma puissance.

J'ai fait longtems la chasse à cet animal.

____

(1) Mémoires pour servir à l'Histoire des Animaux, tom. III, pag. 214.

D'abord, l'ame agitée de toutes les passions qui tourmentent la jeunesse, je n'étois capable ni d'attention, ni de réflexion : je n'avois alors d'autre but que de satisfaire mon goût pour cet exercice et de me procurer un mets que je trouvois délicieux. Mais bientôt la lecture de Buffon fit naître en moi un amour décidé pour l'histoire naturelle ; la passion des découvertes s'empara de mon cœur, y domina seule, et rien ne me coûta pour la satisfaire.

Le porc-épic n'habite que quelques parties du royaume de Naples et celles des états de Rome qui en sont voisines. On ne le trouve point dans la Haute Italie. On prétend en avoir vu dans les îles de Corse et de Sardaigne ; mais c'est un fait que je ne veux pas garantir. Selon Agricola, c'est de son tems qu'il fut apporté de l'Inde et de l'Afrique en Europe (1). Ce qu'il y a de certain, c'est qu'ayant eu occasion de comparer l'espèce que nous possédons, avec un individu né dans l'Afrique, et qui se trouvoit dans la ménagerie du roi de Naples, je ne remarquai aucune différence.

La physionomie, la démarche pesante et in-

______

(1) *Hoc animal gignit India et Africa, unde ad nos nuper allatum est.* Agric. de animal. subterraneis, cap. XX.

quiète du porc-épic , annoncent un caractère farouche, méfiant , et un naturel stupide. Le bruit
que font ses piquans , lorsqu'il marche , doit
accroître encore sa méfiance : il redoute sur-tout
l'homme , auquel ce bruit, assez semblable
à celui des grelots, peut annoncer sa présence.

C'est sur le penchant des collines les plus
escarpées, dans un terrain rocailleux, et à l'aspect
du midi ou du levant , qu'il creuse profondément
son terrier. Il fuit les plaines , les collines couvertes de fleurs ou de verdure , et arrosées par
des ruisseaux ou par des sources limpides. Les
sites animés et rians lui déplaisent ; il aime
une nature morte et sauvage. C'est aux lieux
les plus solitaires qu'il donne la préférence :
c'est là seulement que , loin du bruit, il peut
vivre dans une parfaite sécurité. Rarement on
le trouve dans les forêts : il n'y règne pas un
repos et un silence assez profonds pour lui;
le bruit des vents qui agitent le feuillage , les
cris des habitans des bois, le chant des oiseaux l'inquiètent et l'effraient.

Comme j'ai eu lieu de m'en convaincre ,
il préfère les fruits de nos jardins , les raisins et
les plantes potagères à toute autre nourriture.
Cependant, la crainte et l'amour de la liberté
le retiennent à quelques milles des lieux habi-
tés ou fréquentés par les hommes. Il aime

mieux se nourrir de fruits sauvages, de baies de lierre, de lentisque et d'épine, de glands, de racines, d'écorces de jeunes arbres, que d'exposer, pour satisfaire son appétit, cette indépendance qu'il préfère à tout, et que nous sacrifions souvent aux goûts les plus frivoles. Peut-être se seroit-il beaucoup multiplié, si la nature ne lui avoit pas donné cet instinct qui lui fait éviter les lieux où il pourroit trouver une nourriture abondante.

De toutes les espèces qui vivent dans les terriers, et qui passent une partie de l'hiver sans sortir, c'est la plus singulière, la moins commune, et celle qu'on se procure le plus difficilement.

Dans les lieux où je lui faisois la chasse, on voyoit de loin en loin des buissons d'épine-vinette, de lentisque, quelques amandiers, quelques poiriers et quelques racines sauvages ; point de sources, ni de ruisseaux : ce n'étoit qu'à quelque distance qu'on trouvoit des citernes et des champs cultivés.

Ses terriers ont plusieurs issues. Pour m'en convaincre, je brûlois du soufre à un trou ; je le bouchois hermétiquement, et l'odeur se faisoit sentir à d'autres trous éloignés de celui-là de plus de quarante pas. C'est dans ces demeures souterraines que le porc - épic passe toute la journée. Il est impossible d'aller le chercher, à moins d'enlever d'énormes masses de rochers, dans un repaire aussi profond, dont il ne sort que la nuit. Ce n'est donc qu'alors qu'on peut lui donner la chasse; encore faut-il beaucoup de précautions et de patience : le moindre bruit l'empêche de sortir, et sa défiance l'emporte toujours sur son appétit. Il sort tantôt par une issue, tantôt par une autre; et ce n'est qu'après l'avoir guetté longtems, qu'on finit par le rencontrer.

Ses excrémens, ses piquans dans le tems de la mue, les traces de ses pieds empreints sur la terre fraîche qui se trouve toujours à l'entrée de son trou, sont les seuls indices de sa résidence. Il faut en faire la recherche pendant le jour, et marquer la place où on les a découverts, pour la reconnoître la nuit. Alors on vient au nombre de trois ou quatre, munis chacun d'une lanterne sourde, et sans chiens; on se poste à quelque distance l'un de l'autre, on le tire lorsqu'il sort ou qu'il rentre. On emploie aussi à cette chasse le collet et le traquenard; mais par ces moyens on ne le prend que mort ou mutilé; et pour l'observer, j'avois besoin de le posséder vivant et sain. Comment étudier en effet, à moins de l'avoir en sa puissance, un animal farouche qui ne se laisse point

approcher, qui habite des souterrains impéné-
trables, qui ne sort la nuit qu'avec la plus
grande circonspection pour se nourrir ou se
reproduire, et rentrer très-promptement?

J'eus recours à tous les moyens imaginables
pour satisfaire mon desir. Je plaçai, à la bouche
des terriers, des filets très-forts en forme de
nasses, et munis d'un ressort qui les fermoit
dès que l'animal y étoit entré; mais dans un
instant tout étoit déchiré, et ses dents tran-
chantes l'avoient bientôt rendu à la liberté.
J'employai encore une nasse de fil de fer assez
gros; mais avec ses dents et ses pattes, il en
débarrassoit l'entrée du trou; et s'il ne pouvoit y parvenir, il se renfermoit ou sortoit par
une autre issue. Je désespérois de réussir dans
un projet qui m'avoit coûté bien des veilles et
avoit épuisé ma patience, lorsqu'une nuit,
comme je venois de chasser aux hérissons et aux
tortues, mes chiens donnèrent sur un porc-épic
qui n'étoit pas très-éloigné de son terrier. Les
plus ardens s'en approchèrent et furent punis de
leur hardiesse : l'animal dressa ses piquans, se
jeta contre eux et leur déchira la peau; les autres
formoient le cercle, aboyoient autour de lui,
mais n'osoient en approcher : il s'avançoit, ses
épines redressées les forçoient de reculer et
de lui ouvrir un passage. Quelques - uns ten-

toient de l'attraper au museau, mais, par un
léger mouvement, il leur présentoit le côté,
toujours cherchant à regagner son asile. Etoit-il
fatigué, il se mettoit en boule comme le hérisson. Immobile dans cet état, il bravoit la
fureur de ses nombreux adversaires. Après quelques momens de repos, il se remettoit en marche
et recommençoit le combat. C'est ainsi qu'il
parvint, avec beaucoup de peine et de fatigue,
à rentrer triomphant dans son terrier, où je fis
poser un signe.

Ce spectacle intéressant pour un observateur,
me donna l'idée d'un moyen par lequel je me
suis enfin procuré l'objet de mes recherches,
vivant.

Je fis construire une truble d'un fil très-fort.
Au-dessous du cercle on pratiqua une coulisse
qui, par le moyen d'une corde, se fermoit à
volonté. Muni de cet instrument et d'un panier
de bois très-solide, je retournai sur les lieux
avec plusieurs personnes. Chacun de nous étoit
suivi d'un chien en lesse et musclé, de crainte
que les aboiemens n'empêchassent le porc-épic
de sortir. En vain nous l'attendîmes plusieurs
nuits, il ne reparut point : probablement, la
crainte d'un nouveau combat, lui avoit fait
chercher un autre asile.

Il fallut diriger mes recherches ailleurs. Enfin,

je découvris les indices de la retraite d'un animal de cette espèce. Je fis reconnoître tous les trous; et pris toutes les précautions nécessaires pour les retrouver.

A la nuit close, nous voilà postés dans des buissons, chacun à quelque distance d'un trou. Après quelques heures, j'entends sortir, du terrier voisin de mon poste, des cris semblables à ceux du cochon; le bruit augmente insensiblement; je suis toute attention : enfin l'animal se montre. Il reste quelque tems en observation; bientôt il se hasarde à sortir entièrement. Quelle fut ma joie! c'étoit une femelle suivie de trois petits. A peine a-t-elle fait quelques pas, que je donne un coup de sifflet. A ce signal, tous les terriers sont bouchés, les chiens sont démuselés et mis en liberté, et voilà que le combat commence. La mère, furieuse, s'élance contre les chiens, les déchire de ses piquans. Cependant, les petits se mettent en boule; on les enveloppe avec des sacs et on les enferme dans le panier. La mère combat encore longtems; enfin, fatiguée, elle se roule : on la couvre avec la truble, on serre la coulisse, on enlève l'animal, on le place à son tour dans le panier, et je retourne chez moi, ravi d'avoir saisi ma proie.

Toutes les observations que j'avois faites jusqu'alors sur le porc-épic, ne m'avoient point beaucoup éclairé sur ses mœurs : j'avois un grand nombre de données, mais j'avois peu de certitude. Je savois quels étoient les lieux où il se plaisoit, quelle étoit sa nourriture ordinaire, n'ayant trouvé dans l'estomac de ceux que j'avois tués à la chasse, que des baies de lierre, de lentisque, d'épine-vinette, des fruits, des racines sauvages, de jeunes pousses et de l'é-corce de jeunes arbres. Je présumois qu'il di-géroit lentement, car ces matières n'étoient que peu macérées, même lorsqu'elles avoient été avalées depuis vingt-quatre heures. Ses yeux m'avoient paru conformés comme ceux de tous les animaux qui craignent la lumière. Mais pour-quoi les porcs-épics restent-ils une partie de l'hi-ver dans leur terrier? Quelle est l'époque de leurs amours? Comment s'accouplent-ils? Combien dure la portée de la femelle et l'allaitement des petits? Quel est leur nombre? Quelle est, enfin, la longueur de leur vie? C'est ce qui constitue la plus importante partie de leur histoire : c'est ce que j'ignorois, et ce dont j'étois enfin à portée de m'instruire.

Lorsque la mère se vit réduite en esclavage, elle ne voulut, pendant plusieurs jours, ni manger, ni allaiter ses petits : j'étois forcé de

les nourrir avec des racines et des fruits mâ-
chés. Bientôt ils mangèrent seuls. Il y avoit
dans le nombre deux femelles. Quand je crus
pouvoir les abandonner à eux-mêmes, je résolus d'en placer un couple dans mon parc.

Sous la partie du mur qui regarde le midi,
est une colline qui imite les sites que ces animaux préfèrent : c'est là que je fis creuser la
terre, et construire, pour leur servir de terriers,
deux niches profondes et en pierre de taille,
pour qu'ils ne pussent pas se pratiquer plusieurs issues. A chacun de ces trous, vers la
partie inférieure de l'orifice, je pratiquai une
bascule; à chaque bascule tenoit un fil de fer
correspondant à une sonnette qui donnoit dans
la chambre de mon bouvier. Les porcs-épics
ne pouvoient ni sortir, ni rentrer, sans faire
mouvoir leur bascule, et sans qu'on en fût
averti par le bruit de la sonnette correspon-
dante. L'étable prenoit jour sur le parc, et l'on
pouvoit, des fenêtres, placées à quinze pieds
de leur retraite, examiner toutes leurs actions.

Les choses étant ainsi disposées, je plaçai,
vers le commencement de novembre, le couple
dans le même trou, avec des fruits et des racines. Ces animaux ne sortirent point de deux
jours. La troisième nuit, ils parurent devant

leur demeure, restèrent deux heures dehors, se repurent, et rentrèrent. Au bout de quelques jours, chacun habitoit son trou particulier; je ne les vis plus se rechercher : ce qui me prouva que cette espèce aime la solitude.

Dans le commencement de l'hiver, ils touchoient rarement à la nourriture que je faisois placer près de leurs demeures. Pendant les grands froids, ils ne sortirent point du tout. Ce ne fut que vers la fin de février, qu'ils reparurent. Je leur avois fait donner de l'eau, mais ils n'en burent point. Dans le mois de mars, je les vis sortir vers les huit heures, manger, et se promener toutes les nuits, mais toujours à peu de distance de leur trou. En avril, ils s'en éloignèrent davantage, et restèrent deux ou trois heures dehors. j'espérois qu'ils se rencontreroient, et que dans le mois de mai je les verrois s'accoupler; mais toute la belle saison se passa sans que j'eusse eu cette satisfaction. Cependant le site avoit l'aspect sauvage, les formes rocailleuses et escarpées qu'ils aiment : on ne les gênoit point, on ne les inquiétoit jamais : en un mot, ils étoient aussi libres qu'en plein champ. A quoi devois-je attribuer leur stérilité? Peut-être leurs organes n'étoient-ils pas encore assez développés? En ce cas, je devois conserver, pour le printems

prochain, des espérances qui avoient été déçues cette année. Mais cette supposition ne me
paroissoit pas vraisemblable. Craignant donc
que le bruit des bœufs et des chiens ne les
eût inquiétés, je fis vider l'étable.

Je suspendis mes observations pendant l'hiver, et je les repris avec un nouveau zèle dans
le commencement d'avril. Toutes les nuits,
je vis sortir ces animaux ; mais nul mouvement,
nulle approche, nulle caresse n'annonçoit encore le tems de leurs amours. Toujours solitaires, ils vivoient comme s'ils eussent été
d'espèce différente. Dans les commencemens
de mai, ils parurent moins sauvages : je les vis
ensuite se rechercher, s'approcher, se flairer,
placer leur museau l'un contre l'autre. Ils restoient longtems dans cet état devant leur terrier ;
mais bientôt ils s'éloignoient, et je ne pouvois
porter plus loin mes observations. J'éprouvois
encore d'autres difficultés. Dans les nuits où la
lune ne paroissoit point, je ne pouvois bien distinguer leurs mouvemens, de la fenêtre où j'étois
placé. Falloit-il prendre le parti de m'approcher ?
le moindre bruit les auroit fait fuir et rentrer
dans leur trou. Rien n'égaloit mon impatience :
plusieurs fois, j'avois vu ma curiosité près d'être
satisfaite, plusieurs fois mes espérances avoient
été déçues.

Vers la fin de mai (c'étoit par une belle nuit) leurs caresses me parurent plus vives qu'à l'ordinaire ; ils s'approchoient, se fuyoient, se sauvoient, couroient, s'arrêtoient tour-à-tour, poussoient des cris semblables à ceux du petit cochon : je les vis recommencer à plusieurs reprises ces jeux, préludes de leur union ; enfin ils s'accouplèrent sous mes yeux. Quelques jours après, je fus encore témoin des mêmes préludes et du même dénouement. Dans cet acte, l'un d'eux se couchoit à la renverse, l'autre se mettoit dessus ; ils se tenoient mutuellement le museau avec les dents, et restoient quelques minutes en cet état, poussant des cris semblables à ceux que les tortues font entendre en pareille circonstance.

Je ne sais si dans leurs courses ils s'étoient accouplés plusieurs fois ; mais je puis assurer qu'après ce tems je ne les vis plus ensemble : je puis donc croire que la conception eut lieu dans les derniers jours de mai. Je ne pus reconnoître la femelle à l'accroissement de son ventre que vers la mi - août ; je remarquai à cette époque qu'elle ne s'éloignoit plus de sa demeure, que sa marche étoit lente et pénible, qu'elle ne restoit dehors qu'autant de tems qu'il lui en falloit pour se repaître. Dans les derniers jours d'août elle fut deux nuits sans sortir ; lorsqu'elle

reparut, sa démarche étoit plus libre, et le vo-
lume de son ventre étoit diminué. Ainsi sa
portée avoit été d'environ trois mois. J'ai répété plusieurs fois mes observations à cet
égard, et comme elles m'ont toujours donné
les mêmes résultats, il ne me reste plus de doute.

Vers la fin de septembre les petits sortirent
au nombre de deux. Ils suivoient leur mère,
qui ne quittoit point les environs de son terrier. Elle les allaitoit quelquefois en se tenant
debout, d'autres fois couchée sur le côté comme
une chienne. De la distance où j'étois les petits
me paroissoient couverts d'un long poil noirâtre,
mais je n'appercevois point encore de piquans.
Au commencement d'octobre, ils mangeoient
des racines et des fruits ; ce qui m'étonna, vu le
peu d'instinct de cette espèce, c'est que la mère
les leur brisoit avec ses dents. Elle les allaitoit
encore, mais rarement. A la fin de ce mois
ils mangeoient seuls, et elle les repoussoit lorsqu'ils vouloient teter.

De tout cela je conclus que les amours de ces
animaux commencent en mai, que leur accouplement a lieu sur la fin de ce mois, que la
femelle porte trois mois, que l'allaitement en
dure deux, que conséquemment les porcs-épics
ne peuvent donner qu'une portée par an : peut-
être en donnent-ils deux dans les climats brû-
lans dont ils sont originaires.

Le mâle étoit dans l'insouciance la plus absolue sur le sort de sa famille. Son inquiétude parut même visible lorsqu'il vit les petits devenir forts ; et comme il craignoit probablement qu'ils ne s'emparassent de son trou, il ne s'en éloignoit que très-peu. Pour moi, je subvenois à leurs besoins, mais ils savoient déja trouver leur nourriture dans les bois. Craignant qu'ils n'allassent habiter loin du lieu de mes observations, je leur fis construire deux trous à trente ou quarante pieds des premiers. Ils ne tardèrent pas à s'en emparer, car la mère les bannit entièrement du sien. Tout l'hiver se passa comme les précédens ; au mois d'avril je me remis en observation.

En mai je vis commencer leurs amours ; ils furent plus bruyans que l'année précédente ; je crus même m'appercevoir qu'ils donnoient lieu à quelques querelles ; cela me faisoit penser que le nombre des mâles surpassoit celui des femelles. Mais je fus bientôt convaincu qu'au contraire il y avoit trois femelles et un seul mâle. Il les couvrit toutes successivement ; quelquefois il en couvroit deux dans la même nuit. Vers la fin du mois de mai, les desirs éteints, il n'y eut plus d'apparence de querelles et tout rentra dans l'ordre accoutumé.

Dans les premiers jours de septembre les

trois femelles avoient mis bas : à la fin de ce mois, la plus vieille allaitoit quatre petits, les autres en avoient chacune deux. Il paroît, d'après ces faits, qu'elles n'en portent pas plus de quatre ni moins de deux.

J'étois persuadé que, semblables au loir et à la marmotte, les porcs-épics ne prenoient point de nourriture pendant tout le tems de l'hiver qu'ils passoient dans leur terrier. Pour mieux m'en assurer encore, je fis ouvrir un terrier vers la mi-décembre ; j'y trouvai des provisions tout au plus suffisantes pour cinq ou six jours. J'en fis ouvrir d'autres en janvier et en février ; il n'y en avoit plus, et l'animal étoit dans un engourdissement presqu'aussi profond que celui des deux espèces dont je viens de parler.

Je cessai d'observer particulièrement les porcs-épics que je tenois dans mon parc. En peu d'années, ils multiplièrent beaucoup ; mais je ne fis plus aucune découverte intéressante sur leurs mœurs et sur leurs habitudes.

Reportons maintenant notre attention sur la mère et la petite, que j'avois placées dans une chambre. Là je les nourrissois de fruits, de racines et de pain. J'employai tous les moyens qui se présentèrent à mon imagination pour les apprivoiser, et je ne pus y parvenir. Comme la mère conservoit toujours un caractère très-sauvage, je pris le parti de la séparer de la petite. J'avois privé celle-là de nourriture pendant plusieurs jours ; je lui avois ensuite présenté de la viande ou de la soupe, mais jamais elle n'en avoit voulu goûter. Celle-ci, au contraire, mangeoit de la plupart des mets que l'homme prépare pour sa table, lorsqu'elle n'avoit ni fruits ni racines. Se nourrissoit-elle de ces derniers mets, jamais elle ne buvoit, même en été. Elle vomissoit la viande cuite, et même le fromage, ordinairement quatre ou cinq heures après les avoir pris, lorsque ces alimens n'avoient point été mélangés avec des racines ou d'autres végétaux. D'où l'on doit conclure que le porc-épic est absolument frugivore.

Pour ne conserver aucun doute à cet égard, j'astreignis la vieille à un jeûne de dix jours. Je fis ensuite attacher près d'elle des souris, des lézards, des scarabées, des oiseaux vivans ; elle ne leur fit aucun mal. Je lui fis donner de la viande crue ; elle n'y toucha pas. Je répétai cette expérience sur la jeune : elle ne toucha point aux animaux vivans ; mais elle mangea de la viande qu'elle vomit quelques heures après. Dans la suite je lui ôtai la viande, elle jeûna dix jours et ne toucha pas plus aux animaux. J'aurois pu, je crois, prolonger son jeûne beaucoup plus longtems sans lui faire aucun mal , car elle ne donnoit aucun signe d'incommodité.

Pour la rendre familière , je la laissois quelquefois sans nourriture pendant plusieurs jours ; je lui présentois ensuite , avec la main , des fruits et des racines , mais jamais elle ne vouloit s'approcher de moi pour les prendre : si je m'approchois moi-même , elle s'éloignoit brusquement ou cherchoit à me blesser avec ses épines. Il n'en étoit pas de même d'un hérisson que j'avois élevé. Cet animal étoit devenu si familier qu'il souffroit mes caresses , que même il s'étendoit souvent pour me laisser la facilité de le gratter sous le ventre , ce qui lui procuroit un grand plaisir qu'il témoignoit par ses cris.

Si le porc-épic est farouche , il n'est ni méchant ni colère ; jamais je n'ai pu parvenir à irriter les femelles que je tenois en esclavage : elles ne répondoient à mes attaques que par une stupide tranquillité. Leur frappois-je avec une baguette le museau ou les pattes? elles les retiroient sous leur ventre , sans donner le moindre signe de colère. Je ne pouvois les émouvoir qu'en faisant entrer dans leur chambre un chien ou un chat. A son aspect, elles couchoient tous leurs dards sur le dos et sur les côtés. Alors, l'œil fixé sur leur ennemi , elles restoient dans une immobilité parfaite. S'approchoit - il ? un mouvement du muscle peaussier redressoit aussitôt tous leurs piquans , avec un bruit plus fort que celui que fait le poulet d'Inde lorsqu'il relève ses plumes. Dans cet état elles se jetoient de côté et d'autre contre leur adversaire , le poussoient , le blessoient quelquefois profondément; mais , sinon dans le tems de la mue , jamais je ne les ai vues laisser aucun de leurs piquans dans son corps ni sur le champ de bataille.

Le porc-épic mange toujours très-peu , surtout en hiver; il boit encore moins ; cependant son urine est très-abondante : l'odeur qu'elle répand , ainsi que les émanations de sa peau , approchent de celle du musc , et infectent les lieux qu'il habite.

Cet animal se plaît dans ses ordures , comme le cochon dont il a le grognement ; comme lui il marche le museau contre terre , et il aime à se vautrer dans la boue lorsqu'il fait chaud. Tous deux engraissent excessivement, restent longtems dans l'acte du coït , et dorment beaucoup. Leur graisse a la même couleur et se trouve placée de la même manière : enfin la peau du porc-épic rôti a la saveur de celle du cochon de lait. En voilà sans doute assez pour autoriser la dénomination que les anciens et les modernes lui ont donnée.

Les porcs-épics n'éprouvent point en hiver, lorsqu'on les tient dans un lieu chaud, l'engourdissement auquel sont sujets les porcs-épics sauvages; mais dans cette saison ils dorment toujours, excepté dans le tems de leurs repos.

On ne doit point s'étonner si un animal originaire d'Afrique, s'engourdit en Europe ; mais pourquoi établit-il son habitation dans les lieux élevés, où le froid est plus sensible que dans les plaines ? Quelle est la raison de cette bizarrerie ? Puisqu'il est certain que l'engourdissement n'est nullement nécessaire à l'entretien de ses facultés, pourquoi ne cherche-t-il point les lieux chauds, où il y seroit moins sujet ? On doit croire que ne pouvant absolument éviter en Europe cet état de torpeur, si voisin de la mort, il faut bien qu'il creuse son terrier sur le penchant des côteaux ; car s'il se logeoit dans les plaines ou dans les fonds, les eaux entrant dans son trou lui causeroient la mort. Cela me paroît d'autant plus vraisemblable, qu'il construit l'entrée de son terrier de manière que les eaux ne puissent y pénétrer.

Ces animaux vivent environ quatorze ans. A quatre ans, les poils de leur menton commencent à blanchir ; et lorsqu'ils approchent du terme de leur vie, ces poils sont presque tous blancs. Quant aux épines, elles ne changent pas de couleur; mais il m'a paru que leur nombre diminuoit dans la vieillesse.

L'animal dont je viens de décrire les mœurs n'est pas moins intéressant sous le rapport de quelques-unes de ses facultés intérieures.

La digestion s'opère chez lui avec une lenteur extraordinaire. Je commençai mes expériences à cet égard sur des individus que je tenois en captivité. J'en fis ouvrir plusieurs après six jours de jeûne, et je remarquai dans leur estomac des résidus de matière végétale, qu'il étoit encore facile de distinguer, quoique celles qui étoient contenues dans les intestins fussent tout-à-fait réduites en pâte molle. C'est sans doute cette lenteur dans la digestion qui lui donne la faculté de jeûner pendant plusieurs jours, sans éprouver de mal-aise, et même sans perdre beaucoup de son poids. Je me suis assuré de ce dernier fait en pesant les mêmes porcs-épics après leurs repas et après un long jeûne : la différence de leur poids, distraction faite de ce qu'ils avoient mangé, a toujours été fort légère.

La cause de cette lenteur dans la digestion tient sans doute à la nature des sucs gastriques de ces animaux. Pour m'éclairer sur ce sujet, je fis prendre, au commencement de décembre, un porc-épic dans mon parc; je le fis éventrer sur-le-champ, je recueillis tous les sucs

9

gastriques qu'il avoit dans l'estomac, en faisant presser les matières qui s'en trouvoient imbibées. J'avois préparé trois petits verres, de manière à pouvoir les boucher bien hermétiquement.

Après avoir reconnu la température intérieure de l'animal, en plongeant le thermomètre de Réaumur dans son corps palpitant (1), je versai dans chacun de mes verres partie égale des sucs gastriques que j'avois exprimés, et avant qu'ils fussent refroidis. Je mis dans l'un de la carotte, dans l'autre des feuilles de chou, dans le troisième de la pomme ; le tout bien haché et bien écrasé. Je mis une égale quantité

---

(1) Spallanzani, pour donner au suc gastrique une chaleur égale à celle qu'il a dans l'intérieur des animaux, en enfermoit avec des matières végétales et animales dans de petits tubes qu'il tenoit sous ses aisselles. Comment un homme d'un génie aussi pénétrant ne sentoit-il pas quelle grande différence il y a entre la chaleur des animaux divers ?

La chaleur naturelle du porc-épic ne s'élève guère au-dessus de la température atmosphérique, tandis que celle de l'homme, comme je m'en suis assuré en plaçant le thermomètre de Réaumur sous mon aisselle, s'élève toujours au-dessus de 5o degrés. Or cette différence est assez considérable pour produire un changement notable dans l'action des sucs gastriques. Je dus donc, pour que mes observations fussent concluantes, me servir de verres hermétiquement bouchés, et plongés dans de l'eau toujours entretenue à la température de l'animal, autant que possible.

de ces substances dans trois autres verres d'eau
pure; je plongeai tous ces verres dans de l'eau
à la température de l'animal, et je l'entretins
au même degré avec la plus grande exactitude
possible. Au bout de vingt-quatre heures,
les matières n'avoient pas encore éprouvé le
moindre changement. Un de mes amis suivit
l'opération pendant le jour suivant, sans autre
résultat. Je laissai le tout dans le même état,
mais sans entretenir la température de l'eau.
Au bout de trois jours, les matières contenues
dans les verres où étoient les sucs gastriques
commençoient à se dissoudre, et les autres exha-
loient une odeur fétide, signe de putréfaction.

Je fis la même expérience, en février, sur
un porc-épic que je tirai engourdi de son terrier. Je l'ouvris sur-le-champ. Il n'y avoit point
d'alimens dans ses viscères, mais seulement
quelques matières visqueuses attachées aux parois
de l'estomac, ainsi qu'à celles des intestins, où
je trouvai des bézoards de différentes grosseurs,
durs et composés de diverses matières végétales
et d'un sable très-luisant. Le thermomètre que
j'avois plongé dans l'intérieur de cet animal, immédiatement après l'avoir ouvert, ne s'étoit élevé
qu'à quelques degrés au-dessus de la température
de l'atmosphère ; le corps étoit froid à l'extérieur. Je trouvai dans l'estomac beaucoup moins
de suc gastrique que dans celui du premier, et

ce suc ne produisit que très-peu d'effet sur les matières végétales. J'ai renouvelé ces expériences dans d'autres circonstances , et j'ai toujours remarqué que les sucs gastriques étoient plus actifs en été qu'en hiver. Pour m'assurer que cette différence dépendoit de la quantité de calorique , je fis mettre en été de ce suc dans des verres plongés dans de l'eau à quelques degrés au-dessus de glace , et il ne produisit point d'effet sur les matières végétales que j'y avois laissées pendant plusieurs jours. De tout cela il faut conclure que la lenteur avec laquelle le porc-épic digère vient de la foiblesse des sucs gastriques et de son peu de chaleur intérieure.

FIN.

RÉPLIQUE

A LA LETTRE

DE M. HUZARD,

Insérée dans le Moniteur *du* 10 *août* 1807 *, en réponse à celle que* D. Tupputi *avait adressée à* M. *le Président de la Société d'Agriculture du département de la Seine, et qui a été insérée dans les* N^os. du Moniteur *des* 5 , 6 *et* 8 *du même mois.*

LES écrits polémiques sont intéressans et instructifs lorsqu'ils portent ce caractère de modération, de bienséance et de politesse, que se doivent mutuellement ceux qui s'adonnent à l'étude des sciences, quel que soit le degré de leurs connoissances et de leurs lumières : dans le cas contraire, non-seulement ils sont sans intérêt, mais ils dégénèrent encore en disputes plus propres à obscurcir qu'à éclaircir les questions qui en sont l'objet. On remarque même

que, dans ces sortes de discussions, c'est toujours du côté de la vérité que se trouve le plus
de modération. Cela posé, n'ai-je pas lieu de
croire que la raison est en ma faveur, puisque,
dans ma lettre, je me suis plu à reconnoître
le mérite de M. Huzard, et à rendre hommage
à ses talens ; tandis qu'il m'a répondu par des
injures que, par considération pour lui, je
n'appellerai pas grossières, mais que j'ai lieu de
trouver étranges dans une lettre où il s'agissoit
de répondre à des raisonnemens par d'autres
raisonnemens et non d'insulter son adversaire ?

Aujourd'hui, je tâcherai de conserver la modération que le public a remarquée dans ma
première lettre. M. Huzard s'est placé, relativement à moi, à la hauteur d'un régent relativement à son écolier ; il a pris le ton d'un homme
supérieur qui se croit dispensé de rien prouver,
et qui pense devoir être cru sur simple parole :
moi, je resterai dans la position où il m'a mis,
et, sans lui dire qu'il n'est point infaillible,
je lui ferai voir qu'il n'a répandu aucune lumière nouvelle sur les objets de notre discussion, ni pour moi, ni pour le public ; qu'il n'a
point répondu à mes objections ; et je lui ferai
observer encore que, tout en le reconnoissant
pour mon *maître*, je ne me crois pas tenu à
jurer sur sa parole.

Il n'a point répondu à mes objections. Pour le prouver, je commence par rétablir l'état de chaque question, tel qu'il se trouve dans ma première lettre. De quoi s'agissoit-il ? De savoir si les mulets sont féconds ; s'il a existé des jumarts ; si les moutons vomissent ; et enfin, s'il est possible d'accoupler l'espèce du bufle à celle du taureau. Sur tous ces points, M. Huzard s'étoit prononcé pour la négative ; j'étois pour l'affirmative : il s'agissoit de prouver que j'avois eu raison d'embrasser ce parti. Pour y parvenir, je me suis appuyé sur des faits et des raisonnemens ; j'ai invoqué le secours des autorités les plus respectables ; et, relativement à la fécondité des mulets, je me suis même étayé d'un mémoire inséré dans un ouvrage publié par M. Huzard lui-même.

Honteux d'avoir nié des faits consignés dans plusieurs ouvrages publiés sous son nom, il commence par assurer qu'il ne les a jamais révoqués en doute.

« Aujourd'hui, écrit-il sur ce sujet à M. le
« président de la Société d'Agriculture, que la
« lettre de M. T. est rendue publique, que le
« but de l'auteur ne peut plus être équivoque,
« qu'il n'y a plus lieu de se tromper sur le motif
« qui la lui a fait écrire, vous jugerez sans doute,
« Monsieur, qu'il est nécessaire de répondre. »

« Je commence donc par déclarer , de la
« manière la plus positive, que je n'ai jamais
« dit un seul mot dans le sein de la Société , ni
« ailleurs, de ce que me prête si gratuitement
« M. T. ; et ceux qui me connoissent savent
« bien que je suis assez conséquent dans mes
« principes pour ne pas me contredire ; ils
« savent même que j'aurois pu lui fournir
« d'autres matériaux à l'appui de ce qu'il dit. »

D'abord, je demande à M. Huzard quel but
il me suppose , et quel est le motif dans lequel
il croit que j'ai écrit et que j'ai publié ma lettre.
Comme lui je déclare, et d'une manière aussi
positive, que mon but a été de repousser des
objections qui , faites dans le sein d'une société
respectable , par un homme de son poids , ne
pouvoient manquer de prendre du crédit , et de
faire mal juger de ma véracité ainsi que de mon
discernement. Ce but, je crois l'avoir rempli.
Je serois donc pleinement satisfait si , tout en
affirmant qu'il n'a rien dit de ce que je lui prête
si gratuitement, M. Huzard ne le répétoit pas
formellement dans sa lettre , preuve qu'il n'est
pas toujours *aussi conséquent dans ses principes*
qu'il le croit et le dit lui-même.

Je me vois donc réduit aujourd'hui à repousser
encore , au moins sur le fait de l'existence des
jumarts , et sur celui du vomissement des mou-

tons , des démentis qui ont été seuls les motifs de ma première lettre.

A la vérité , M. Huzard ne nie point maintenant la fécondité des mulets ; mais pour lui prouver qu'il l'a niée d'abord, je rapporte ici une lettre de M. Cossigny (1), correspondant de l'Institut de France, membre honoraire de la Société de Calcutta, membre de la Société d'Agriculture du département de la Seine, etc.

Ce savant étoit présent à la discussion ; il a dû même y prêter plus d'attention que tout autre , puisqu'il avoit présenté lui-même à la Société d'Agriculture mon ouvrage qui en étoit l'objet. Quel intérêt avois-je d'ailleurs à me faire à moi-même des difficultés ?

Mais aujourd'hui que M. Huzard ne nie plus la fécondité des mulets, il fait, sur la conséquence que j'en tire , des plaisanteries déplacées et aussi mal appliquées que difficiles à comprendre. Ecoutons-le parler lui-même.

---

(1) Extrait de la lettre de M. Cossigny.

« L'article du vomissement des moutons fut contredit « par tous les artistes vétérinaires de la Société d'Agricul- « ture......., ainsi que l'article des jumarts et celui des « mulets qui procréent........ »

» Mais ce que j'ai dit , ce que tous les membres
« de la Société ont entendu ou ont pu entendre ,
« ce que tous ceux qui liront l'ouvrage de M. T.
« répéteront , ce sur quoi il ne fera prendre le
« change à personne , et ce que je répète aujour-
« d'hui, le voici : M. T. écrit pour un peuple chez
« qui *l'agriculture est encore dans l'enfance* ,
« *dont l'ignorance est profonde , les finances*
« *dans le désordre ; où règne la plus grande con-*
« *fusion dans toutes les parties de l'adminis-*
« *tration : pour un pays où l'homme n'a rien*
« *fait pour lui ; où le premier des arts , l'agri-*
« *culture , est absolument négligé ; où les ha-*
« *bitans ne jouissent point encore des princi-*
« *paux avantages de la civilisation ; où la*
« *disette des fourrages naturels et artificiels*
« *est un obstacle à la multiplication des bes-*
« *tiaux , qui meurent de faim l'hiver par trou-*
« *peaux entiers ; où la plupart des accouple-*
« *mens sont sans fruits , ou n'en produisent*
« *que de foibles ; où l'on n'a soin d'aucune*
« *espèce de bétail*, etc. C'est pour ce pays qu'il
« propose de tirer race des mulets et des mules ,
« parce qu'il y a des exemples isolés que ces
« animaux ont quelquefois produit. Et j'ajoute
« que quand on en est réduit, pour appuyer
« une pareille opinion, à citer Aristote, Pline,
« voire même Buffon , et à renvoyer les pauvres

« Napolitains en Afrique et en Amérique, comme
« le fait l'auteur, pour avoir des exemples de
» mules fécondes , il faudra attendre longtems
« pour qu'une pareille multiplication puisse
« contribuer en quelque chose à l'amélioration
« de l'agriculture du royaume de Naples. »

Je cite ici M. Huzard tout entier, pour mettre
mes lecteurs à portée de juger du mérite de ses
objections et de la valeur de mes réponses.
S'il eût suivi mon exemple, il n'auroit pas
commis la faute de me tronquer d'une manière
peu délicate , et il se seroit vu forcé de répondre
cathégoriquement , et non par des plaisanteries
vagues et sans sel.

A quoi se réduit tout son discours? Autant
que son obscurité me permet d'en pénétrer le
sens, à deux idées sans liaison et sans rapport
dans le style et dans la pensée , dont il a voulu
former le dilemme suivant :

Dans le royaume de Naples , l'agriculture
est très-négligée ; donc il est ridicule de proposer d'y tirer race des mulets.

Si j'avois présenté cela comme un moyen d'a-
mélioration péremptoire , peut-être ce raisonnement auroit-il quelqu'apparence de solidité ;
mais c'est dans une note de mon ouvrage que
je le propose, et cette note n'est là qu'une conjecture.

Je ne suis pas aussi profond dialecticien que mon adversaire ; il ne me sera pas cependant difficile de lui prouver qu'ici sa logique est en défaut : *Quandoque bonus dormitat Homerus*. Mais avant d'en venir là, j'ai à démontrer qu'il n'a pu faire ce raisonnement dans le sein de la Société d'agriculture, au moment où il dit l'avoir fait. J'ai encore à rétablir le texte qu'il a tronqué, sans doute dans le dessein de me faire passer pour un calomniateur de mes compatriotes, ce qui n'est pas d'une loyauté bien exemplaire, ce qui mériteroit des reproches que je veux bien lui épargner.

Quand mon ouvrage fut présenté à la Société d'agriculture du département de la Seine, M. Huzard n'en avoit pas connoissance ; comment dans un quart d'heure qu'a duré la discussion, auroit-il eu le tems de découvrir et de tronquer frauduleusement tous les passages qu'il cite, et qui font la base de son raisonnement ? Personne ne croira la chose ni possible ni vraisemblable : M. Huzard n'avoit alors aucune raison de m'en vouloir. Il est donc probable qu'ayant jeté les yeux sur la note placée au bas de la page 121 de mon ouvrage, où je dis :
« J'ai vu plusieurs fois les mulets s'accoupler et
« se reproduire ; ainsi, si l'industrie vouloit
« s'occuper de cet important objet, nous ver-

« rions la nature donner d'elle-même une race
« d'animaux qu'on n'obtient que par l'art ; » il
est probable, dis-je, qu'ayant lu cette note, il
se sera récrié, c'est un conte, jamais les mules
n'ont produit. C'est un fait d'ailleurs établi par
la lettre de M. Cossigny.

Ceux qui liront le chapitre auquel tient cette
note, seront d'autant plus convaincus, que je
présentois comme une conjecture la conséquence
que je tire de la fécondité des mulets, que je
m'y plains de ce que le plus grand nombre des
propriétaires de jumens, n'en consacrent pas
une partie à la reproduction de ces animaux,
si nécessaires au commerce, dans un pays
coupé de montagnes.

La fécondité des mules une fois établie, par
le témoignage des anciens, par celui des modernes, *voire même* par celui de Buffon, *voire
même* aujourd'hui par celui de M. Huzard,
voire même encore par le mien, il me semble
que la conséquence que j'en tirois pour le
royaume de Naples, n'étoit point dénuée de
fondement, et ne méritoit pas les plaisanteries
de *mon illustre adversaire.*

Ce n'est point en Afrique ni en Amérique où
je ne suis jamais allé, que j'ai vu des mules
fécondes, c'est dans mes propriétés situées dans
le royaume de Naples, et dans celles de mes

voisins. On en a vu dans le midi de la France, Pline en avoit vu en Italie. Si j'ai invoqué des autorités à l'appui de ces faits, c'étoit donc pour prouver à M. Huzard qu'il avoit eu tort d'en douter, et non pour renvoyer les Napolitains, qui ne les ignorent pas, en Afrique ou en Amérique, *pour en avoir des exemples*. Il m'étoit donc permis d'exposer, que, sous un climat où les mules sont quelquefois fécondes sans le secours de l'art, si les hommes saisissoient et mettoient à profit les circonstances, où la nature donne à ces animaux la faculté de se reproduire, on pourroit bien en tirer race.

Mais comment proposer, dit-on, une telle multiplication dans un pays où l'art de l'agriculture est encore dans l'enfance? Si c'est un moyen d'améliorer l'état de l'art, je ne vois pas pourquoi j'aurois tort d'avancer aujourd'hui cette conjecture, dût-elle ne se réaliser que dans la suite des tems.

J'ai dit, je l'avoue, que l'agriculture étoit négligée dans le royaume de Naples, c'est un fait très-connu, et dont j'ai attribué la cause à la longue tyrannie de Ferdinand IV, qui étouffoit l'industrie, et persécutoit les gens habiles.

J'ai dit que malgré ces persécutions, les savans y seroient encore en grand nombre si

la plupart n'avoient été immolés ou obligés
de fuir pour se soustraire à la mort (1).

J'ai dit qu'il ne falloit que quelques années
d'un règne bienfaisant, pour faire revivre les
arts dans cette contrée (2).

J'ai dit, « nulle part la nature n'étale plus de
« richesse et de magnificence, ne promet à
« l'agriculture des récompenses plus douces et
« plus faciles à obtenir ; elle semble y avoir tout
« fait pour l'homme, et l'homme n'y a rien
« fait pour lui-même (3). »

J'ai dit : « Toutes les espèces d'animaux que
« les hommes ont soumis à leur empire, pour-
« roient subsister dans les états de Naples. En
« effet, si l'on en excepte quelques-unes qu'on a
« négligé d'y introduire, toutes, soit indigènes,
« soit étrangères, y existent, y prospèrent, s'y
« multiplient, malgré le peu de soin qu'on
« en prend (4). »

J'ai dit : « Sous notre nouveau souverain,
« tout promet que le royaume de Naples ne tar-
« dera pas à parvenir au plus haut point de
« prospérité qu'il puisse atteindre, sous le

(1) Pag. 151 et 152.
(2) Avertissement, 1re. édition.
(3) Pag. 1.
(4) Pag. 101.

« rapport de l'agriculture, qui ne demande qu'à
« y être encouragée pour se perfectionner (1). »

Cela signifie, en moins de termes, que ce
pays est très-fécond en grands hommes (je
l'ai prouvé page 50 et 54 de mon introduction, et page 51 de l'ouvrage), et qu'il est également fécond en denrées et en troupeaux de
toute espèce, malgré l'ignorance, la négligence,
la paresse des cultivateurs, tristes fruits, je le
répète, d'une longue tyrannie.

Voilà donc le premier membre du dilemme de
M. Huzard qui, fondé sur des passages tron-
qués, s'écroule de lui-même dès qu'ils sont
rétablis : que penser donc de la conséquence ?
Que c'est justement dans un pays où la force
fécondante de la nature est si grande, où le
climat est si favorable, que les troupeaux se
multiplient merveilleusement, malgré le peu de
soin que les hommes en prennent, malgré la disette de fourrages, et malgré les mortalités ;
que c'est, dis-je, dans un tel pays, sur-tout
aujourd'hui qu'un gouvernement réparateur y
fait revivre les arts, qu'il faut tenter de tirer race
des mulets. J'ajoute qu'une *telle multiplication*
contribueroit au bien du commerce, non-seu-

---

(1) Pag. 2 et 3.

lement dans ce pays , mais dans plusieurs autres , qui en auroient l'obligation aux Napolitains. C'est ainsi que M. Huzard , faute d'avoir approfondi son raisonnement , se trouve battu par ce raisonnement même.

N'ai-je pas fait un beau rêve qui ne se réalisera jamais ? Mérite-t-on des injures pour avoir rêvé le bien public ? Mais puisque cette conjecture , déduite de faits avérés est encore appuyée sur des raisonnemens, pages 11 , 12 et 13 de ma lettre , si M. Huzard ne la croit pas fondée , il auroit dû démontrer la fausseté de mes raisonnemens , au lieu de prendre un ton tranchant et ironique, si peu convenable dans de telles discussions.

Buffon qui le premier a formé cette conjecture , n'a pas dédaigné d'en parler fort au long , il témoigne même son regret de n'être point à portée de chercher les moyens de la réaliser. Mais Buffon n'est , comme moi , qu'un rêveur aux yeux de M. Huzard, qui regarde avec mépris un savant qui n'a point vu la nature aussi en détail que lui.

Continuons l'examen de la lettre de M. Huzard , j'en rapporterai toujours le texte exactement , comme un exemple de fidélité dont il n'auroit point dû s'écarter , et comme un des meilleurs moyens de le réfuter.

J'ai prouvé dans ma lettre l'existence des jumarts, par l'autorité de Bourgelat, de Bonnet, de Spallanzani, de Mérolle, de Schaw et de Léger. Tant de noms si respectables n'en ont point imposé à M. Huzard. Pour cette fois, il ne s'est point rétracté, et il a persisté à nier cette existence : je sais bien pourquoi; c'est qu'ici nous n'avions pas à lui présenter des preuves tirées des écrits publiés sous son nom dans la librairie de Mde. Huzard, son épouse, mais que nous aurions au contraire pour le convaincre d'inconséquence, un article assez insignifiant inséré par lui dans l'Encyclopédie, et quelques expressions assez vagues de son ouvrage sur l'amélioration des chevaux en France, ouvrage d'ailleurs écrit avec une clarté et une précision qui contrastent fortement avec le style de sa lettre, ce qui me fait penser que l'auteur de celle-ci n'est que l'éditeur de celui-là. Comme rien ne peut lui imposer que sa propre autorité, quoiqu'en dise Bourgelat et les *autres* avant et *après* lui, M. Huzard persiste à nier l'existence des jumarts. Mais ne croyez pas qu'il oppose rien autre chose aux témoignages que j'ai invoqués, que le sien propre; j'avoue qu'il est *imposant*, mais malgré son *grand poids*, j'ai bien peur qu'il ne convainque pas tout le monde.

« C'est encore, dit-il, pour accélérer cette

« amélioration (de l'agriculture), que M. T.
« veut que les agriculteurs et les commerçans
« napolitains tirent parti, pour la culture et les
« charrois, des jumarts, dont l'existence est restée
« un objet de discussion entre quelques savans
« *seulement* (on verra bientôt entre quels sa-
« vans), et qui en la supposant vraie , n'a
« jamais pu remplacer dans l'économie rurale
» le père et la mère dont on les suppose issus. »

« J'ai dit que les prétendus jumarts de Bour-
« gelat n'étoient très-vraisemblablement que des
« bardeaux mal conformés, comme il s'en ren-
« contre encore quelques-uns; quoique Bour-
« gelat soit mon maître , quoiqu'il ait dit et
« *les autres après* lui, la confiance sans bornes
« que lui témoigne M. T. ne me fera pas changer
« d'avis : j'ai ajouté que l'école vétérinaire de
« Lyon, placée à la porte du Dauphiné , n'avoit
« jamais pu voir des jumarts, *malgré* les élèves
« éclairés qui sont dans cette ci-devant province,
« et *malgré* les courses fréquentes que plusieurs
« de ses professeurs y font depuis trente ans. »

« J'ai dit que les habitans des vallées vaudoises
« où Liger, ministre du saint évangile , faisoit
« dix-huit lieues en un jour sur un jumart,
« ne connoissoient pas plus les *bifs* et les *bafs*
« que M. T. et que moi; que la description
« *qu'il* en donne est celle d'un mulet dont la

« mâchoire est mal conformée comme il y en
« a beaucoup et que cette description ne cadre
« même pas avec la mauvaise figure *qu'il* en
« a fait graver dans son livre. »

« J'ajoute que je viens récemment encore
« (juin 1807) de parcourir ces vallées avec
« le docteur *Buniva* que la Société connoît
« bien, *qui y est né*, dont les connoissances
« en histoire naturelle sont très-étendues, et que
« nous n'avons pu trouver chez *tous les cul-*
« *tivateurs et propriétaires*, qui, pour ces sortes
« de faits valent beaucoup mieux que des ci-
« tations de livres, *aucun renseignement*, aucune
« trace de l'existence passée et présente de cette
« espèce de mulet. »

Que de mots pour dire : je persiste à nier
l'existence des jumarts. Répondons par ordre :
quels sont les savans entre qui cette existence
est encore un objet de discussion ? D'un
côté Bourgelat, Spallanzani, Bonnet, Mérolle
Schaw, Liger, Haller, oui, Haller, et de
l'autre, M. Huzard tout seul. Mais qui pourroit résister à ce colosse de science ? Laissons-le
donc aux prises avec ses adversaires et voyons
ce qu'il leur répondra ; la discussion n'est plus
qu'entre eux et lui, car c'est sur leur ét-
moignage que je me suis fondé, puisque je
confesse n'avoir jamais vu de jumarts.

Mais auparavant je le prie de vouloir me dire où il a vu que cet animal ne pourroit jamais remplacer dans l'économie rurale le père et la mère dont on le croit issu. Sur quelle autorité avance-t-il une telle proposition ? Sur la sienne propre : voyez son article sur le *jumart*, dans l'Encyclopédie méthodique, vous ne trouverez rien de pareil ailleurs. Connoît-il les qualités d'un animal qui selon lui n'a jamais existé ? S'il les connoissoit, ce ne pourroit être que sur le rapport de ceux qui l'ont vu ; eh bien ! la ju-mare de Bourgelat étoit très-sobre, très-forte, très-laborieuse, elle traînoit seule des tombe-reaux très-chargés; elle passoit un été sans boire; le jumart de M. Léger faisoit dix-huit lieues par jour. Il est certain qu'un animal fort, sobre et laborieux, vaut bien, pour l'agriculture, un tau-reau qui ne sert guère qu'à saillir des vaches; il est certain qu'un animal qui marche si bien et si vîte vaut mieux qu'un âne. M. Huzard, convenez donc avec moi que, si vous aviez lu les lettres de Bourgelat à Bonnet, lorsque vous avez rédigé votre article de l'Encyclo-pédie, vous l'auriez fait autrement ; con-venez que vous ne les connoissez que depuis ma lettre, et que vous n'avez conséquemment pas pu dire à la Société d'agriculture que *les prétendus jumarts de Bourgelat*, etc. que vous

avez dit *les prétendus jumarts* tout simplement...
Vous soutenez qu'on n'a pas vu de ces animaux depuis trente ans à l'école vétérinaire de
Lyon ; écoutez Bourgelat, votre maître, qui
vous crie du fond de son tombeau: c'est en 1778,
(il n'y a que 29 ans) que j'écrivois à Bonnet : *je
crois à l'existence des jumarts comme à la
mienne propre*, j'ai eu une jumare en ma pos-
session pendant plusieurs années , elle a vécu
trente-sept ans ; je l'ai fait disséquer, j'en ai
fait ensuite disséquer plusieurs autres ; et vous
osez vous , mon disciple chéri , vous à qui j'ai eu
tant de peine à apprendre quelque chose ; vous
osez , vous qui avez fait une édition de mes
œuvres avec *des notes si instructives* , vous osez
me donner un démenti !

Avouez , M. Huzard , avouez que si vous
aviez lu les lettres de Bourgelat , vous n'auriez
jamais écrit contre l'existence des jumarts.

Il en est encore tems , démentez votre article
de l'Encyclopédie, car la jumare dont parle
Bourgelat, et qu'il a anatomisée à l'école de
Lyon n'étoit pas une espèce *de monstre de conformation ambiguë et indécise* (1). Elle avoit
plus d'analogie avec le cheval qu'avec le tau-

______

(1) *Voyez*, dans l'Encyclopédie méthodique , l'article
Jumart.

reau , ce n'étoit pas pour cela un bardeau mal
conformé , car votre maître ne s'y seroit pas
mépris; elle avoit la mâchoire antérieure conformée comme le taureau ; elle avoit le crâne
plus arrondi, les os du nez plus enfoncés , les
orifices des fosses nasales plus étroites , les fosses
elles - mêmes plus resserrées que le cheval ;
elle avoit l'entrée de la fosse orbitaire ronde , au
lieu que dans le cheval elle est ovale ; elle avoit
le dos , la croupe , la queue et la langue du
bœuf : du reste elle avoit toute la myologie comme
le cheval , si ce n'est que la rate étoit conformée comme celle du bœuf. Eh bien, Bourgelat étoit un ignorant , il n'avoit jamais vu
de bardeaux, ou il faut reconnoître ici une jumare née de l'accouplement d'une jument et
d'un taureau , dont quelques parties externes
et quelques viscères avoient été profondément
modifiés par l'influence du père.

Mais supposons que des apparences trom-
peuses en eussent imposé à Bourgelat , que lui
répondre, lorsqu'il dit : j'ai placé dans les montagnes du Beaujolais, un cheval qui saillit une
vache, c'étoit un étalon navarrin ; de cet accouplement provint un fruit que je vis naître, il
vécut quatre mois , il avoit plus d'analogie avec
sa mère qu'avec son père ; (ce qui arrive toujours dans ces sortes d'accouplemens ; on sait

que le mulet tient plus de la jument sa mère que de l'âne son père); mais il n'avoit point de cornes, on voyoit seulement sur son front deux légères proéminences, comme dans le veau naissant. On doit regretter que Bourgelat ne nous ait pas laissé plus de détails sur ce dernier jumart; mais comme il affirme avoir vu l'accouplement qui lui donna le jour, avoir été témoin de sa naissance, l'avoir vu croître pendant quatre mois, il faut croire à son existence, ou dire : *Bourgelat, mon maître, vous êtes un imposteur*, comme on a dit : *Bourgelat, mon maître, vous êtes un ignorant*.

M. Huzard, que direz-vous de Haller ? il a d'abord douté de l'existence des jumarts. Cependant il a fini par y croire sans avoir besoin du témoignage de Bourgelat, votre maître. Il dit, §. 9 du chap. IV de son livre sur la génération : « les jumarts qui sont nés d'un « taureau et d'une jument, ont des dents à la « mâchoire supérieure, ils ont le corps du che- « val, le devant de la tête et les jambes du « taureau. J'ai lu que ceux qui viennent du « taureau et d'une ânesse, n'ont point de cornes, « mais des tubercules, ils ont la tête courte d'un « veau et la hardiesse d'un mulet ; et que ceux « qui viennent d'un âne et d'une vache ont le

« pied fourchu et quoiqu'ils n'aient point de
« cornes, néanmoins ils tiennent plus de leur
« mère. »

Bourgelat n'avoit point encore envoyé à Bonnet
la description de sa jumare, lorsque Haller dou-
toit de cette espèce de mulets. « Il n'est pas
« si sûr, disoit-il plus haut, qu'il puisse naître
« un animal du genre des mulets de l'accou-
« plement d'une cavale ou d'une ânesse, avec
« un taureau, nous n'avons point là-dessus de
« nouvelle expérience assez exacte, et l'ouver-
« ture des animaux n'en a rien appris. » Si
Haller eût eu la moindre connoissance des lettres
écrites par Bourgelat à Bonnet, avec qui il étoit
en relation, il n'auroit pas conçu de doutes, puisque, comme on l'a vu, ils se dissipèrent dans la
suite, sans le secours de ces lettres qui sont
de 1778, tandis que l'édition d'Haller que je
consulte, est de beaucoup antérieure. Mais tout
le monde n'est pas aussi incrédule que M. Huzard;
je le laisse seul en présence de ses nombreux adversaires, et j'abandonne les jumarts que je n'ai
jamais proposés que comme une probabilité.

D'ailleurs, M. Huzard, accompagné de son
ami le docteur *Buniva*, ne vient-il pas de parcourir les vallées vaudoises, et puisqu'il n'a trouvé
chez les cultivateurs aucune trace de l'existence
passée et présente des jumarts, il faut bien qu'il

n'en ait jamais existé. Mais, je lui demande pardon de la question : où a-t-il vu que sur un fait tel que celui-ci, le témoignage de quelques cultivateurs qui n'ont jamais vu de jumarts, dût prévaloir sur celui de l'abbé Léger qui en avoit un pour monture ? M. Huzard, si ces bons Vaudois ne se souviennent pas de l'abbé, comment voulez-vous qu'ils se rappellent son *bif* ou son *baf.* M. Huzard, encore une fois, si vous avez eu assez de pénétration pour reconnoître un bardeau dans la mauvaise figure qui est dans le livre de l'abbé Léger, croyez que Bourgelat en avoit assez pour reconnoître un bardeau dans la jumare qu'il a fait disséquer, si elle n'eût été que cela.

Pour terminer, je prie le lecteur de vouloir bien observer que le hasard donne quelquefois à l'homme d'heureuses indications, qui se perdent dans la suite, par la négligence de quelques savans qui, pleins de leurs idées, veulent gouverner la nature elle-même ; c'est pour cela qu'on voit en certaines circonstances paroître des productions singulières, qui ne se reproduisent point, parce que l'art n'est pas venu au secours de cette bonne nature. Il ne seroit donc pas étonnant qu'on eût vu des jumarts dans le Dauphiné, et qu'aujourd'hui il n'y en eût plus, que même leur existence passée fût oubliée. Hélas , il est tant d'hommes qui ne laissent pas de plus durables souvenirs parmi leurs semblables, et l'on veut que la mémoire des jumarts soit immortelle parmi les hommes !

En voilà sans doute assez et même déjà trop pour qu'il ne reste plus de doute sur l'existence passée des jumarts.

Je viens à l'accouplement de la race du bufle , avec celle du taureau. M. Huzard ne s'explique pas clairement aujourd'hui sur ce sujet important. Mais *ce que tous ceux qui liront sa lettre répéteront, ce sur quoi il ne fera prendre le change à personne* ; c'est qu'il regarde toujours comme impossible le succès d'une expérience qui n'a pu lui réussir, parce que probablement il ne l'aura pas faite avec assez d'art. Voici ses propres paroles : *cet oracle est moins sûr que celui de Calchas.*

« J'ai dit sur l'accouplement des bufles et des
« vaches ce qui est consigné dans nos comptes
« rendus annuellement, à l'Institut, de l'établis-
« sement de Rambouillet, par mon collègue
« Tessier et moi, et, ce qu'il est inutile de ré-
« péter ici, » pourquoi inutile ? pense-t-il donc que tous ceux qui liront ceci auront lu ses comptes rendus ? « j'ajoute que si ces comptes
« rendus avoient mérité d'être lus par le rappor-
« teur de M. T., il y auroit vu qu'il n'étoit pas

« le premier qui *s'étoit* occupé de l'accouple-
« ment de ces animaux avec les vaches et les
« taureaux. J'ajoute encore que cette expérience,
« intéressante sous le rapport de l'histoire na-
« turelle, ne présente pas à beaucoup près les
« mêmes avantages pour l'économie rurale,
« sur-tout dans un pays comme celui dont
« parle M. T. »

J'avoue que ces paroles ne me paroissent pas
très-claires ; mais c'est sans doute parce que
je n'ai pas encore la clef de toutes les finesses
de la langue française. J'avoue que je n'ai point
lu les comptes rendus à l'Institut par M. Huzard,
dont je connois d'ailleurs tous les grands ouvrages. J'ignore si mon rapporteur, qu'il falloit
nommer, ou dont on ne devoit point parler ici,
en a plus de connoissance que moi, je pense
que non ; mais quand il les auroit lus, peut-
être ne se seroit-il pas moins cru autorisé à
dire que je suis le premier qui *s'est* occupé de
cette expérience. (1)

____

(1) C'est en l'an 7 qu'on s'est occupé pour la première fois à Rambouillet, de l'accouplement de l'espèce
du bufle à celle du taureau.

Dans le premier compte rendu à l'Institut à ce sujet,
M. Huzard s'exprime en ces termes : « *Déja on a tenté*
« *des accouplemens de bufles avec des vaches, mais*
« *sans succès ;* CES ESPÈCES ne paroissent, jusqu'ici, *avoir*

J'ai fait mes essais dans le royaume de Naples, je les ai faits avant que les troubles qui y sont survenus m'eussent arraché aux soins de l'agriculture ; j'y suis resté un an en prison, victime de mon attachement à la nation française ; la révolution a duré un an ; je suis en France depuis neuf ans, il y a donc onze ans que je ne m'en occupe plus. Si les tentatives de M. Huzard ont une date antérieure, ce qu'il faut prouver, je veux bien lui céder l'honneur de la priorité.

« *aucun attrait l'une pour l'autre.* » Il paroît que M. Huzard s'étoit un peu trop hâté de prononcer (ce qui est en lui un défaut d'habitude); car il dit, dans son compte rendu en l'an 11 , que *les taureaux italiens couvrent même avec ardeur les femelles bufles ;* ce que je ne crois pas : mais je laisse au lecteur le soin d'apprécier le mérite d'un homme qui prononce affirmativement, lorsqu'il est à peine permis de douter; qui revient sur ses pas, et se contredit par un mensonge; car il est faux que le taureau se soit jamais accouplé avec ardeur avec la femelle du bufle. Enfin, je laisse au lecteur le soin d'apprécier la dialectique et le raisonnement d'un homme qui soutient aujourd'hui que les moutons ne vomissent pas, parce qu'il n'a pu les faire vomir, avec autant de fondement qu'il disoit, en l'an 7, que l'espèce du bufle et celle du taureau n'avoient aucun attrait l'une pour l'autre; et qui soutient, en l'an 11 , que le taureau italien couvre *même avec ardeur la femelle du bufle.* J'ai bien peur qu'un tel homme ne soit obligé de convenir bientôt que les moutons vomissent avec de l'eau tiède , sans émétique.

Ceci d'ailleurs n'est qu'une vaine dispute qui n'a pour motif qu'une gloriole encore plus vaine. Mais ce que je n'accorde pas, c'est que *cette expérience, intéressante sous le rapport de l'histoire naturelle, ne présente pas à beaucoup près les mêmes avantages pour l'économie rurale, sur-tout dans un pays comme celui dont je parle.*

Comment M. H. peut-il raisonner ainsi ? Sur quoi se fonde-t-il ? peut-on juger des résultats d'une expérience qui n'en a point eu ? Si je fais des conjectures, je les tire de faits certains et je les appuie de raisons au moins spécieuses. Mais mon adversaire raisonne en l'air et veut toujours être cru sur parole. Je pense, moi, que cette expérience n'offre pas un grand intérêt à l'histoire naturelle et je le prouve.

Il n'y a pas plus de différence entre le bufle et le taureau, qu'entre le cheval et l'âne ; même rapport de conformation tant intérieure qu'extérieure de part et d'autre. D'où je conclus que, si l'accouplement des deux premières espèces venoit à réussir, ce qui arrivera indubitablement lorsque les expériences seront mieux faites, l'histoire naturelle n'y gagneroit qu'un mulet, qui pour être plus nouveau, ne seroit pas plus intéressant que ceux qui sont issus de la jument et de l'âne. Les naturalistes se sont procuré des métis bien plus extraordinaires et bien plus dignes de l'attention des philo-sophes.

Mais l'agriculture, quel parti ne tireroit-elle pas des fruits de cet accouplement ? J'avoue qu'ils seroient plus avantageux au reste de l'Eu-rope qu'au royaume de Naples, qui possède les deux espèces dont ils proviendroient. On y trouve de nombreux troupeaux de bufles , qui vivent familièrement en plein air avec les bœufs. Les premiers supérieurs en force aux seconds, sont employés à la culture des terres fortes ; rien n'égale leur ardeur et leur constance dans le travail , nulle résistance ne les arrête; ils briseroient harnois , soc , charrue , plutôt que de ne pas ouvrir le sillon. J'en ai vu se mettre à genoux et se redresser subite-ment pour accroître par ce mouvement leur force naturelle. Et l'on prétend que les mu-lets provenus d'une telle espèce et de celle du bœuf, ne seroient point utiles à l'agriculture ? Pour moi, je ne pense pas qu'on puisse lui faire un don plus précieux. Ces mulets sur-passeroient certainement en force les bœufs , et peut-être même les bufles ; comme on voit ceux qui sont provenus de la jument l'emporter sur leurs mères, et les bardeaux l'emporter sur l'ânesse. Participant des qualités des deux races qu'ils releveroient, on les verroit vivre et travailler sous tous les climats de l'Europe, et y tenir lieu du bufle même , qui ne s'est naturalisé que dans les contrées les plus chaudes du royaume de Naples, où l'on trouve soit des rivières, soit des ruisseaux , et qui n'est en France et ailleurs qu'un objet de curiosité.

Je ne crains pas de le répéter, ces mulets seroient un des dons les plus précieux qu'on put faire à l'agriculture, et si mes espérances ne sont pas déçues, si mon zèle et mes soins ne sont pas inutiles, j'espère qu'elle le recevra du royaume de Naples. Elle ne peut même le recevoir que d'un *tel pays* où les bufles, malgré le peu de soins qu'on en prend , multiplient beaucoup.

Enfin, nous touchons au dernier point de la discussion , *le vomissement des moutons.* C'est ici que M. Huzard use de tout le poids que lui donnent ses emplois et ses talens, pour écraser un pauvre napolitain qui veut tirer race des mulets , qui croit à l'existence des jumarts , qui veut accoupler l'espèce du bufle à celle du taureau, et sur-tout qui a le malheur d'avoir fait vomir les moutons sans sa permission. Hélas ! je lui en demande pardon, si par-là j'avois su m'attirer son indignation, je n'aurois rien proposé ni rien fait. Est-il permis à un néophite d'entrer dans le sanctuaire sans l'agrément du grand-prêtre? Ce qui me rassure cependant, ce qui diminue mes craintes sans rien diminuer de mon respect pour M. Huzard, c'est qu'il semble se défier ici du poids de son autorité, et qu'il appelle à son secours plusieurs personnages imposans qui ne lui seront peut-être pas aussi favorables qu'il l'espère. Cependant je me garderai bien de l'attaquer, la prudence exige que je me tienne sur la défensive la plus exacte. Ainsi, sans m'éloigner de mes retranchemens, je vais reconnoître ses forces.

« J'ai rappelé à la Société, relativement au
« mémoire sur la plante qu'il appelle *Storta*, et
« sur le vomissement des moutons, que, chargé
« de rendre compte de ce mémoire, par je ne
« sais plus quelle société (expression très-polie,
« et dont l'Athénée lui doit avoir de l'obliga-
« tion), avec M. Palisot de Beauvois, mon
« collègue à l'Institut, je lui avois fait voir que
« l'auteur n'y connoissoit (cette expression
n'est pas française, ce n'est pas dans mon
mémoire que j'ai connu la plante, mais
dans le lieu où elle croît), « et n'y faisoit pas
« connoître la plante dont il parloit, qu'il in-
« diquoit page 224 l'estomac des brebis, comme
« s'il n'y en avoit qu'un, qu'il les faisoit
« vomir avec un demi - grain ou tout au plus

« un grain d'émétique et de l'eau chaude. Je
« lui indiquois quelques autres objets ana-
« logues, sur lesquels lui, M. Palisot de Beau-
« vois, étoit encore plus en état que moi de
« juger le mémoire ; je lui disois que nous
« autres vétérinaires, qui savions que les moutons
« *avoient* plus d'un estomac , et ne vomissoient
« pas avec de l'émétique , il nous falloit d'autres
« autorités que celle de M. T. pour nous faire
« croire ce qu'il disoit , que cela ne lui seroit
« pas difficile à produire , parce que sans doute
« il n'étoit pas le seul qui connut la storta et
« ses effets , et les remèdes qu'on employoit
« pour les détruire; je lui rappelai que notre
« Daubenton n'avoit pu faire vomir les mou-
« tons en poussant l'émétique jusqu'à 18 déci-
« grammes , que Gilbert et moi n'avions pas
« été plus heureux en quadruplant successive-
« ment la dose , etc. , etc. »

« J'ai dit à la Société que j'avois répété de-
« puis une partie de ce que je viens d'exposer
« à M. T. lui-même, et que je l'avois invité
« à faire venir, soit la graine de storta , soit
« la plante entière , comme un bon moyen
« de lever tous les scrupules *par* nos botanistes
« et par nous.

« Quoiqu'aujourd'hui dans sa lettre M. T. pa-
« roisse avoir beaucoup plus de connoissances

« que dans son mémoire, comme il n'a rien
« changé à ce mémoire dans la nouvelle édition
« de son ouvrage qu'il vient de publier, je n'ai
« rien à changer à ce que j'ai dit, et j'y per-
« siste. Je lui en demande pardon, mais ce
« n'est pas avec des dissertations théoriques et
« des hypothèses qu'il convaincra, le tems des
« discours inutiles est passé ; ce sont des mou-
« tons qu'il faut faire vomir *comme il l'a promis* ;
« ce sont des expériences authentiques qu'on lui
« demande, et à cet égard, il trouvera partout
« des facilités. Il y a des écoles vétérinaires à
« Milan, à Turin, à Lyon, à Alfort, toutes
« lui seront ouvertes, et il associera, en y
« faisant ses expériences, ou en les y faisant
« répéter, son nom à ceux de plusieurs savans
« qui ont suivi la même marche avec un grand
« avantage pour les sciences ».

Avant d'entamer la discussion sur ce dernier
point, écartons d'abord deux autorités respectables, celle de Daubenton et de Gilbert ; Daubenton ne dit pas un mot ni pour ni contre le
vomissement des moutons dans son Instruction
pour les bergers, pas un mot dans les Mémoires
de l'académie, Gilbert n'en parle pas davantage, voilà donc M. Huzard resté seul. Je suis
parfaitement convaincu qu'il n'a pu faire vomir
les moutons, soit parce qu'il n'aura pas choisi

une circonstance favorable , soit parce qu'il aura administré une trop forte dose d'émétique. Quoi qu'il en soit, on ne doit plus voir ici que deux hommes dont l'un nie et dont l'autre affirme le même fait ; celui qui nie n'a pas pour lui la moindre autorité ; celui qui affirme invoque le témoignage des plus célèbres physiciens, et les raisonnemens les plus péremptoires. L'un dit, je n'ai pu faire vomir les moutons, donc il ne vomissent pas ; l'autre dit, j'ai fait vomir les moutons, lorsqu'ils avoient avalé la *storta* ; donc ils vomissent. D'un côté fausse conséquence, puisque de ce qu'une chose n'est pas arrivée , on ne peut pas conclure à l'impossible ; de l'autre conséquence juste , puisqu'elle est du fait au possible.

Mais, le fait est-il vrai? oui si je ne suis pas un menteur. M. Huzard en seroit déja convaincu si j'eusse été à portée de l'en convaincre; je le remercie même de l'honneur qu'il me fait de me faire ouvrir pour cela toutes les écoles vétérinaires de la France, mais c'est un service dont je n'ai pas besoin; sans doute nous aurons une école à Naples, c'est là que je ferai mes expériences. Si M. Huzard eût lu mon mémoire, il sauroit que c'est dans ce royaume seul que peut se réaliser le cas particulier où j'ai fait vomir les moutons. Je savois que dans

un fait de cette importance, mon autorité
n'étoit pas suffisante, aussi ai-je promis de faire
des expériences publiques, je les ferai, et j'en
enverrai les certificats à vous, M. Huzard, qui
n'en produisez jamais, *à vous autres* qui savez
que les moutons ont plus d'un estomac, et
qu'ils ne vomissent pas avec de l'émétique.
A propos d'estomac, j'ai connu un de mes amis
qui, possesseur d'une seule maison à quatre
étages, se fâchoit lorsqu'on lui disoit, monsieur,
vous avez une belle maison : il soutenoit que,
chaque étage étant une maison, il en avoit
quatre. Apprenez, M. Huzard, que je connois
aussi bien que quelque garçon boucher que
ce soit, les quatre viscères de l'estomac des
moutons, et que je connois aussi bien que vous
la position respective et l'emploi particulier de
chacun d'eux.

Mais encore un mot ; en écartant Daubenton
et Gilbert, témoins que vous invoquez parce
qu'ils sont morts, et qui n'ont rien rapporté
dans leurs écrits des expériences que vous leur
faites faire ; en les écartant donc, vous êtes seul
de votre parti, et moi j'ai Spallanzani de mon
côté. Mais vous êtes adroit, vous n'osez récuser
le témoignage de ce grand homme, qui affirme
avoir fait vomir les moutons, vous n'osez, dis-je,
le récuser, vous l'éludez ; vous convertissez une

proposition générale en proposition particulière ; vous ne dites plus les moutons ne vomissent pas, vous dites seulement, les moutons ne vomissent pas avec de l'émétique. Mais laissons cela, vous aurez dans quelques mois un démenti formel en face de toute l'Europe savante.

Vous dites que je ne connois pas la storta ; je pourrois, mais je m'en garderai bien, répondre à une impertinence aussi grossière, que si vous aviez su lire, vous auriez trouvé, que dans mon mémoire, je suis entré dans tous les détails des propriétés de cette plante, que j'ai indiqué les époques de sa croissance et de sa floraison, les lieux où elle se plaît, et toutes les particularités qui la distinguent. Parmi ces particularités vous auriez pu remarquer qu'elle ne croît qu'en hiver, qu'elle est toujours isolée de toute autre plante de son espèce. Enfin, monsieur, vous auriez vu que j'ai indiqué les symptômes de la maladie qu'elle cause, et les remèdes que j'ai employés ; vous auriez su qu'il est inutile de faire venir la plante à Paris pour connoître ses effets, puisque comme elle n'en produit plus dès qu'elle est flétrie, à plus forte raison n'en produira-t-elle pas lorsqu'elle sera sèche. Quant à la semence, j'aurai l'honneur de vous en envoyer de Naples, si toutefois M. Regnier,

Jumart.

Dessiné et Gravé par J. P. Houel.

auquel vous avez fait parvenir à mon insu, une copie de mon mémoire, même avant qu'il fut imprimé, ne vous en a pas envoyé lui-même.

A la vérité, je n'ai point donné la description botanique d'une plante que je n'avois point sous les yeux, et dont je ne me rappelois point les caractères. Mais les bergers napolitains qui la connoissent parfaitement, l'indiqueront bien à votre honorable ami ; il n'aura qu'à la leur nommer.

Au reste, monsieur, dans un discours intelligible, quelque mauvais qu'il soit d'ailleurs, on trouve toujours à profiter, et je crains bien que le vôtre ne soit tout-à-fait inutile. Le lecteur jugera qui de vous ou de moi raisonne sur des hypothèses. Je présente des faits, je les appuie de raisonnemens, j'en tire des conjectures, c'est la marche qu'on doit suivre en matière de sciences. Pour vous, vous affirmez, vous niez sans raisons, vous parlez aux hommes comme à des chevaux, et les hommes n'entendent pas le langage des écuries.

N. B. Je réponds à la dernière partie de votre lettre, que j'ai fait tirer la première édition de mon ouvrage à 500 exemplaires, avec ordre à l'imprimeur de garder les planches ; qu'ayant distribué ces 500 exemplaires, j'en fis tirer 1500 autres que je fis cartonner, selon les conseils de personnes instruites, et auxquels j'ajoutai 65 pages d'introduction. Je ne sais si l'on peut appeler cela une seconde édition.

L'IMPRESSION de cette brochure était presque terminée, lorsque j'ai reçu la lettre suivante, que je m'empresse de présenter au public, comme une dernière preuve de l'existence des jumarts, avec la figure d'un de ces animaux, dessinée par M. Houel, à l'école d'Alfort.

Paris, le 3 septembre 1807.

A M. Tupputi, membre de plusieurs Sociétés savantes et littéraires de Paris.

Mon cher collègue,

Vous m'avez paru hier desirer bien vivement de voir le dessin que j'ai fait du jumart, à l'école d'Alfort, du tems de Bourgelat.

Votre discussion m'a si fort intéressé, qu'après la séance de la Société libre des sciences, lettres et arts, je me suis empressé de rechercher ce dessin, que j'ai trouvé parmi mes études de ce tems-là.

Si vous desirez toujours le voir, venez chez moi demain, et je vous mettrai sous les yeux la figure entière de cet animal, et sa tête de profil, dessinées séparément.

Je vous attends, et suis tout à vous.

Votre collègue,

HOUEL,

Peintre-graveur, ancien pensionnaire de l'Académie de France à Rome, de la ci-devant Académie royale de peinture, de l'Académie des beaux-arts de Parme, de la Société d'émulation de Rome, de l'Athénée des arts, de la Société libre des Sciences, lettres et arts, de la Société académique des Sciences de Paris.

TABLE DES MATIÈRES.

FAUTES ESSENTIELLES A CORRIGER.

Page 39, ligne 5, l'effet du hasard, mais plus souvent encore celui de l'art, *lisez* : faites avec le plus grand soin.

47, 19, l'acidité de ses graines, *ajoutez* : jointe à une certaine causticité.

64, 9, inférieure, *lisez* : supérieure.

69, 2 de la note, qu'on en laisse deux, *lisez* : et qu'on ne laisse que deux plantes.

idem, 7, les racines, *ajoutez* : des plantes.

74, 16, pour prévenir, *lisez* : pour parer à

132, 4, du royaume, *lisez* : de cette partie du monde.

www.ingramcontent.com/pod-product-compliance
Ingram Content Group UK Ltd.
Pitfield, Milton Keynes, MK11 3LW, UK
UKHW021223140726
13695UKWH00002B/723